Carl-Auer

Reinhart Nagel · Rudolf Wimmer

Einführung in die systemische Strategieentwicklung

2015

Umschlaggestaltung: Uwe Göbel
Satz: Verlagsservice Hegele, Heiligkreuzsteinach
Printed in the Czech Republic
Druck und Bindung: FINIDR, s. r. o.

Erste Auflage, 2015
ISBN 978-3-8497-0057-7
© 2015 Carl-Auer-Systeme Verlag
und Verlagsbuchhandlung GmbH, Heidelberg
Alle Rechte vorbehalten

Bibliografische Information der Deutschen Nationalbibliothek:
Die Deutsche Nationalbibliothek verzeichnet diese Publikation
in der Deutschen Nationalbibliografie; detaillierte bibliografische
Daten sind im Internet über http://dnb.d-nb.de abrufbar.

Informationen zu unserem gesamten Programm, unseren Autoren
und zum Verlag finden Sie unter: www.carl-auer.de.

Wenn Sie Interesse an unseren monatlichen Nachrichten
aus der Vangerowstraße haben, können Sie unter
http://www.carl-auer.de/newsletter den Newsletter abonnieren.

Carl-Auer Verlag GmbH
Vangerowstraße 14
69115 Heidelberg
Tel. 0 62 21-64 38 0
Fax 0 62 21-64 38 22
info@carl-auer.de

Inhalt

1 Strategie als zukunftsorientierte Führungsaufgabe

1.1 *Zum begrifflichen Verständnis*

Trotz oder vielleicht gerade wegen der großen Popularität dieses Begriffs und seiner breiten Anwendung sowohl in der Unternehmenspraxis als auch in der Managementliteratur hat sich bis heute keine allgemein verbindliche Definition von »Strategie« durchgesetzt. Dennoch lassen sich einige Aspekte erkennen, die als ein gemeinsamer Nenner des Verständnisses von Strategie betrachtet werden können (vgl. dazu auch die Überlegungen von Glatzel u. Wimmer 2009, S. 194 f.):

- Strategie befasst sich mit überlebensrelevanten Fragestellungen.
- Strategie definiert ein Set an geschäftspolitischen Prämissen.
- Strategie schafft die Orientierung für eine wünschenswerte Zukunft.
- Strategie markiert einen Unterschied.
- Reflexion des Unterschieds des Systems zu seiner Umwelt.
- Strategie ist eine Kernaufgabe von Führung.

Strategie befasst sich mit überlebensrelevanten Fragestellungen

Als »strategisch« werden oft solche Themen bezeichnet, die für die Entwicklung des Unternehmens von besonderer Relevanz sind. Damit dieser Aspekt nicht zu unscharf bleibt und zu einer inflationären Verwendung dieser Anwendung führt, schlägt Nicolai (2000, S. 54 f.) vier Leitunterscheidungen für das »Strategische« vor, die uns für eine Schärfung dieses Relevanzkriteriums hilfreich scheinen: Für ihn sind strategische Entscheidungen *langfristig* (und nicht kurzfristig), sie sind *folgenreich* (und nicht beliebig), sie betreffen *mehrere Funktionen* (und sind nicht spezifisch) und sind *komplex* (also nicht trivial). Peter Drucker (1986) bringt diesen Kerngedanken der Relevanz strategischer Themenstellungen in seiner unvergleichlich prägnanten Art auf den Punkt, in der er die Frage stellt: »Tun wir die richtigen Dinge?«

Strategie definiert ein Set geschäftspolitischer Prämissen
Die Strategie eines Unternehmens besteht aus Festlegungen, die den alltäglichen operativen Entscheidungen einer Organisation einen Orientierungsrahmen geben (Luhmann 2000, S. 222 f.). Diese strategischen Entscheidungsprämissen legen den Spielraum fest, innerhalb dessen die Mitglieder und Subsysteme eines Unternehmens frei entschieden können. Luhmann nennt diese strategischen Entscheidungsprämissen »Programme«. Durch ein solches Set geschäftspolitischer *Programme* positioniert sich die Organisation in sachlicher Hinsicht: Wozu gibt es uns als Organisation? Mit welchen Aufgaben beschäftigen wir uns? Welche künftige Ausrichtung streben wir an?

Strategie schafft die Orientierung für eine wünschenswerte Zukunft
Strategie hat die Funktion, eine Organisation in die Lage zu versetzen, die eigenen Festlegungen aus der Vergangenheit zu relativieren. Es wird ein Zukunftsbild einer Welt kreiert, in der sich das Unternehmen in fünf oder zehn Jahren bewähren soll. Strategie löst so die Organisation von den Mustern der Vergangenheit und von den aktuellen Tagesproblemen. Die Vergangenheit verliert ihre prägende Kraft, indem die Orientierung an einer wünschenswerten Zukunft in den Vordergrund tritt. Künftige Handlungsmöglichkeiten werden aufgezeigt und so eine die Komplexität reduzierende Orientierung auf die Zukunft konstruiert.

Strategie markiert einen Unterschied
Neben der Zukunftsorientierung steht die Unterscheidung des Unternehmens von anderen Marktteilnehmern. Die Beschäfti-

gung mit der Strategie eines Unternehmens stellt immer auch die Frage, wie eingefahrene Wege und Muster auch anders betrieben werden könnten. Anders als es das Unternehmen bisher gemacht hat oder anders als dies die Konkurrenten des Unternehmens praktizieren. Eine strategische Festlegung stellt so die eingefahrenen Routinen und lieb gewordenen Erfolgsmuster der Vergangenheit infrage (Baecker 2003, S. 177). Oder wie es Michael Porter (1996) prägnant auf den Punkt bringt: »Strategie ist der Unterschied.«

Reflexion des Unterschieds des Systems zu seiner Umwelt
Jede Organisation entwickelt in ihrer Geschichte ihre eigenen Routinen und neigt dazu, sich gegenüber der Umwelt und deren neuen Impulsen ein Stück weit zu immunisieren. In der Kommunikation über die Strategie muss die Organisation den vertrauten Schutzpanzer dieser eingeübten Gewohnheiten und Interpretationsmuster ablegen. Denn eine Strategie lässt sich ohne Bezug zur Umwelt und zu deren Veränderungen nicht erfolgreich entwickeln. Die grundlegenden Prämissen des eigenen Geschäfts und die Wahrnehmung der Umwelt müssen hinterfragt und zur Disposition gestellt werden. Die Leistung eines Strategieprozesses besteht daher auch darin, die unternehmerischen Festlegungen der Vergangenheit vor dem Hintergrund der aktuellen Markt- und Umweltentwicklungen kritisch zu reflektieren und gegebenenfalls neu zu erfinden.

Strategie ist eine Kernaufgabe von Führung
Die bewusste Beschäftigung mit den Chancen und Bedrohungen einer ungewissen Zukunft und mit der eigenen Überlebensfähigkeit im Zuge einer Strategiediskussion ist eine Kernaufgabe der Führung einer Organisation. Für die Sicherstellung der Zukunftsfähigkeit eines Unternehmens ist daher eine effektive Wahrnehmung dieser Führungsaufgabe für die Überlebensfähigkeit unverzichtbar.

1.2 Stellenwert der Strategie im Kontext der Unternehmensführung

In diesem Sinne steht die Auseinandersetzung mit und die Orientierung an der Zukunftsfähigkeit eines Unternehmens im Mittelpunkt der unternehmerischen Steuerungs- und Gestaltungsfunktion. Die Orientierung an der Zukunfts- und Überlebensfähigkeit einer Organisation stellt die zentrale Glaubwürdigkeitsressource des Managements dar. Diese Funktion nennen wir in der Folge »General Management«. Das Konzept des General Managements ist von Wimmer konzeptionalisiert und ausführlich dargestellt worden (Wimmer 1996, 2002; Wimmer u. Schumacher 2012).

Veränderte Voraussetzungen der Unternehmensführung
In den letzten Jahren haben sich die Voraussetzungen für Funktion des »General Managements« erheblich verändert:

- Einerseits haben die *Entwicklungen im wirtschaftlichen und gesellschaftlichen Umfeld* die Komplexität merkbar erhöht und die Beobachtungs- und dadurch die Entscheidungsherausforderungen für einzelne Führungskräfte deutlich gesteigert. Die zunehmende Globalisierung und die Auseinandersetzung mit der digitalen technologischen Revolution in vielen Organisationen machen diese gestiegenen Herausforderungen für das Management unübersehbar. (Siehe dazu auch die Überlegungen zur »Next Society« weiter unten.)
- Damit verbunden ist häufig eine *Ausdifferenzierung der Führungsfunktionen* in mittleren und größeren Unternehmen. Die Notwendigkeit zur Ausbalancierung vielfältiger Zielkonflikte zwischen dezentralen und zentralen Einheiten, die vertikale Verantwortung für einzelne Geschäftseinheiten im Zusammenspiel mit regionalen und globalen Steuerungsimpulsen multidimensionaler Unternehmen fordert Führungskräfte mehr denn je. Die Führung von Teileinheiten ist ohne den Blick auf die Gestaltung der Überlebensfähigkeit der Gesamtorganisation nicht mehr möglich.

- Schließlich gilt es, der Widersprüchlichkeit des Organisationsalltags ins Auge zu blicken und einen klugen Umgang mit der Unsicherheit unternehmerischer Entscheidungen zu finden. Denn das General Management wird beinahe täglich mit der unauflösbaren Paradoxie konfrontiert, das eigene Unternehmen oder den eigenen Gestaltungsbereich möglichst erfolgreich auf die Zukunft hin auszurichten, obwohl diese unsicher und letztlich nicht prognostizierbar ist.

Das General Management eines Unternehmens ist gefordert, mit solchen konstitutiven Paradoxien einen guten Umgang zu finden. Eindeutigkeit und widerspruchsfreie Rationalität ist im Alltag einer gesamtverantwortlichen Führung inzwischen mehr die Ausnahme als die Regel.

Was macht Führung unter diesen veränderten Rahmenbedingungen wirksam? Wie lässt sich die Qualität dieser Dienstleistung »Management« beschreiben?

Aufgabenfelder des General Managements

Wegweisend für die Auseinandersetzung mit der Funktion, die das Management in sozialen Systemen ausüben kann, ist Niklas Luhmanns Frage »Was tut ein Manager in einem sich selbst organisierenden System?« (Luhmann 1990, S. 11). Denn begreift man die Organisation als eine Struktur von durch lose Kopplungen miteinander verbundenen selbstständigen Einheiten, dann ist es die Aufgabe des Managements, eine Kopplung einerseits zwischen diesen Einheiten und mit der Umwelt andererseits sicherzustellen. Ziel ist es, die Organisation als Gesamtsinnzusammenhang zu erhalten und den einzelnen Einheiten eine Orientierung für ihre eigenen Aufgaben zu vermitteln. Für Wimmer (2004, S. 53) ist Management eine Funktion, die darauf spezialisiert ist, geeignete Bedingungen zu schaffen, damit Mitarbeiter ihre Arbeit erfolgreich erledigen können, also in der Lage sind, sich selbst zu führen.

Führung in diesem Sinne ist eine im jeweiligen System ausdifferenzierte Leistung, die eine Spezialfunktion für das System erbringt. Wie jede Funktion in einer Organisation kann diese Kompetenz in einem Unternehmen in unterschiedlicher Qualität ausgeprägt sein.

Führung als Spezialfunktion einer Organisation ist immer auch eine Mannschaftsleistung. Ihr Erfolg oder Misserfolg hängt unmittelbar an den handelnden Personen, den verfügbaren Strukturen und den ausgeprägten Spielregeln dieses Zusammenwirkens über alle Ebenen hinweg. Deshalb ist die Leistungsfähigkeit des Führungszusammenspiels zentral für die Qualität von Führung.

Führung benötigt für ihr Wirksamwerden eine akzeptierte Asymmetrie, ein *oben* und *unten*. Durch die Art der individuellen Ausübung von Führung wird Akzeptanz geschaffen – oder die Führungsautorität eines Funktionsträgers erodiert. Führung kann heute nicht mehr auf fraglos anerkannte Autoritätsressourcen – wie die Macht der Hierarchie – zurückgreifen. Für das Funktionieren von Führung ist das Vertrauen in die Kooperationsbeziehung deshalb eine unverzichtbare Ressource, ja Voraussetzung.

Führungskräfte stehen von vielen Seiten unter besonderer Beobachtung. Aus ihrem Verhalten deuten die Organisationsmitglieder den Zustand der betroffenen Einheit und des Unternehmens. Deshalb ist das Führungsverhalten enorm kulturprägend (Oswald u. Lieckweg 2014, S. 189):

> »Autorität entsteht heute über Glaubwürdigkeit, Vertrauen und Sinnstiftung. Führungsautorität ist heute nicht mehr einfach mit einer bestimmten (hierarchischen) Position gegeben, sondern entsteht durch das Erleben des konsistenten, kompetenten Einsatzes von Führungskräften für das jeweilige Ganze.«

Als Spezialfunktion dient Führung der Aufrechterhaltung der Funktionstüchtigkeit und der weiteren Überlebenssicherung des jeweiligen Unternehmens bzw. eines Teilsystems des Unternehmens. In diesem Sinne ist Führung gefordert, gezielte Entwicklungsimpulse durch sorgfältige Beobachtung sowohl der inneren Verhältnisse einer Organisation(seinheit) als auch der relevanten Organisationsumwelten zu setzen. Mit anderen Worten sorgt

Führung dafür, dass Abweichungen von einem erwünschten Zielzustand frühzeitig erkannt werden und dass diese potenziellen Problemfelder in der Organisation bearbeitet werden. Für diese notwendigen Entwicklungsimpulse, die sowohl einzelne Personen als auch ganze Organisationseinheiten betreffen können, ist Führung unweigerlich auf Kommunikation mit diesen angewiesen.

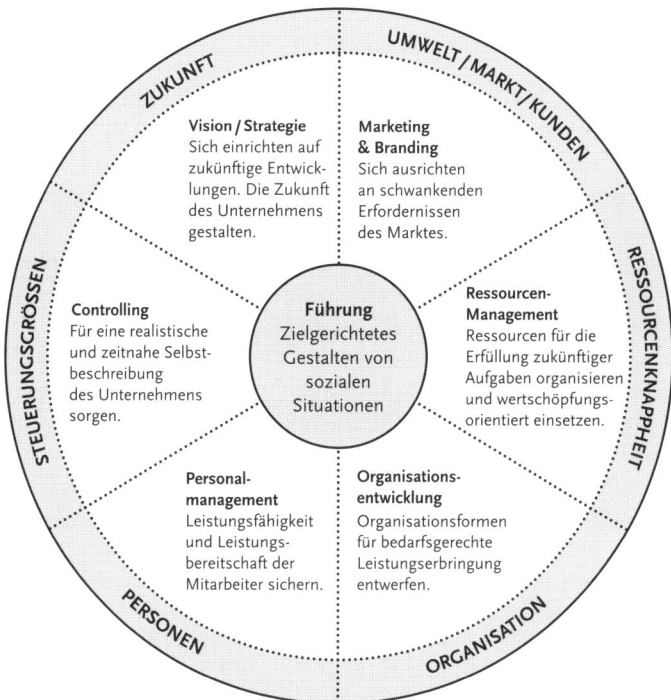

Abb. 1: Aufgabenfelder von Führung

Die Nutzung der Quellen solcher für die Organisation lebenswichtiger Irritationen ist eine der zentralen Aufgaben des General Managements. Die Leistung von Führung besteht also darin, eine Organisation mit überlebenssichernden Entwicklungsimpulsen zu versorgen. Vor dem Hintergrund dieses konzeptionellen Verständnisses der Führungsaufgabe lassen sich sechs Aufgabenfelder oder Dimensionen des General Managements unterscheiden, die grundlegende Managementparadoxien beschreiben (Abb. 1).

Jede dieser Dimensionen ist geprägt von einer Grundparadoxie, also einer organisationalen Entscheidungssituation, in der das Management mit widersprüchlichen und nicht eindeutigen Situation konfrontiert ist. Paradoxietauglichkeit im Sinne eines verantwortungsvollen und bewussten Entscheidens und Gestaltens stellt daher *die* zentrale Herausforderung für das General Management dar (Baecker 1996).

Die Aufgabe des General Management besteht nun nicht darin, diese Paradoxien zum Verschwinden zu bringen. Vielmehr muss das General Management die Paradoxien im Auge behalten, die eigenen Muster im Umgang mit diesen reflektieren und angemessenere Umgangsformen entwickeln. Die laufende Auseinandersetzung mit solchen im Prinzip unlösbaren Widersprüchen führt dazu, dass ihre Bearbeitung zur laufenden Ertüchtigung des Unternehmens und damit seiner Zukunftsfähigkeit beiträgt.

Stellenwert der Strategieentwicklung im Kontext des General Managements

Strategie ist wie erwähnt ein zentrales Aufgabenfeld von General Management. Was ist nun die Grundparadoxie dieses Aufgabenfeldes? Das Management muss das Unternehmen, für das man Verantwortung trägt, möglichst erfolgreich auf die Zukunft ausrichten. Und dies, obwohl die für das Unternehmen relevanten Entwicklungen des Marktes und des Umfeldes unsicher und nicht berechenbar sind. Die besondere Anforderung des strategischen Managements liegt daher in der Gestaltung des Wechselspiels von Zukunftsverantwortung bei gleichzeitiger Unkalkulierbarkeit des Marktumfeldes (Abb. 2).

Strategie als Aufgabenfeld von Führung ist mit der Neigung vieler Unternehmen konfrontiert, sich primär an der Vergangen-

Verantwortung
für die Zukunft

vs.

Unkalkulierbarkeit
der Zukunft sowie
des Umfelds

Abb. 2: Paradoxie des Wechselspiels von Zukunftsverantwortung und ihrer Unkalkulierbarkeit (Wimmer u. Schumacher 2012, S. 172)

heit zu orientieren. Eine erfolgreiche Vergangenheit ist allerdings keineswegs ein Garant für das Überleben eines Unternehmens, sondern erschwert häufig die Entwicklung neuer Zukunftsoptionen und die strategische Neuausrichtung. Aufgabe von Führung in dieser Gestaltungsdimension ist es, die Erfolgsstrategien der Vergangenheit immer wieder auf den Prüfstand zu stellen und Weichenstellungen für die Zukunft neu zu erfinden.

Die besondere Herausforderung besteht daher in der Erneuerung des eigenen Existenzgrundes. Dies bedeutet, die Organisation konsequent von ihrer wünschenswerten Zukunft her zu führen und sie dadurch bis zu einem gewissen Grad aus ihrer Pfadabhängigkeit zu lösen. Aufgabe der Führung besteht daher darin, eine periodische Auseinandersetzung mit der eigenen Zukunft anzuregen und durchzuführen.

1.3 Zunehmende Komplexität der Zukunftsauseinandersetzung im Kontext einer »Next Society«

Wir vertreten der These, dass wir gerade Zeugen weltweit beobachtbarer, gesamtgesellschaftlicher Veränderungsprozesse sind, in deren Verlauf wesentliche Parameter für das erfolgreiche Operieren von Organisationen grundlegend auf den Kopf gestellt werden (ausführlich: Wimmer 2012, S. 13 f.). Diese Veränderungen konfrontieren die Entscheidungsträger in Unternehmen, Organisationen der öffentlichen Verwaltung, Politik, Gesundheitswesen, Bildung und Wissenschaft mit Problemlagen, für deren Bearbeitung es in aller Regel nur wenig historisches Vorwissen gibt. Für die aktuellen gesellschaftlichen Verhältnisse verfügen wenige Führungsverantwortliche in den genannten Organisationen über Komplexitätserfahrungen, für die schon bewährte Bewältigungsroutinen existieren.

Die Auswirkungen dieser veränderten Art von Komplexitätszumutungen lassen sich an verschiedenen Symptomen beobachten: die sich verdichtende Verschleißintensität des Personals an der Spitze von Institutionen des Staates, der Politik, aber auch der Wirtschaft, die sich in der Öffentlichkeit enorm verstärkende Sinnfrage organisationalen Agierens angesichts ungelöster gesamtgesellschaftlicher Problemlagen, das neuartige Phänomen intensiver werdender organisationaler Erschöpfungszustände und kollektiver Ohnmachtserfahrungen, die das rastlose »Mehr vom Selben« bei immer knapper werdenden Ressourcen spiegeln, die seit Längerem anschwellende Sehnsucht nach »guter Führung« bei gleichzeitig sich beschleunigender Glaubwürdigkeitserosion dessen, wie Führung konkret im Alltag vieler Organisationen erlebt wird und Ähnliches mehr.

Wir wollen deshalb im Folgenden auf der Makroebene einige Entwicklungen benennen, von denen wir annehmen, dass sie diesen Symptomen zugrunde liegen und in ihrer wechselseitigen Verstärkung die künftigen Rahmenbedingungen für eine wirksame Strategieentwicklung neu bestimmen werden (Wimmer 2012; Nagel 2014):

- Die Weltwirtschaft hat sich verändert.
- Neue Kommunikationstechnologien haben sich durchgesetzt.
- Die Grenzen zwischen Organisationen sind durchlässiger geworden.
- Die gesellschaftlichen Wertvorstellungen verändern sich.

Die Weltwirtschaft hat sich verändert

Wichtige Bereiche der Wirtschaft, der Wissenschaft und der Kultur sind heute zu einer Weltgesellschaft zusammengewachsen. Nicht nur in der modernen Gesellschaft, sondern vor allem auch für viele Unternehmen, die mit gravierenden Veränderungen der Weltwirtschaft konfrontiert sind, werden die lokalen Grenzen immer unbedeutender. Die Wachstumsdynamik in den sogenannten Schwellenländern hat dazu geführt, dass die Warenströme nicht mehr einseitig von den Industrieländern zu den weniger entwickelten Wirtschaftsräumen fließen. Wir sind vielmehr Zeugen einer oft konflikthaften Neuordnung der Weltwirtschaft. Die wachstumsstarken Schwellenländer beeinflussen zunehmend das globale Wirtschaftsgeschehen.

Diese wohl kaum umkehrbare Entwicklungsdynamik erfordert von Unternehmen ein Umdenken ihrer Internationalisierungsstrategien.

Neue Kommunikationstechnologien haben sich durchgesetzt

Die Entwicklungen der Informations- und Kommunikationstechnologien der letzten Jahre und Jahrzehnte haben viele alltägliche Lebensbereiche beeinflusst – sei es unser Konsum-, Einkaufs- oder Kommunikationsverhalten. Dieser Strukturwandel hat auch die Wertschöpfungskette fast jedes Unternehmens beeinflusst oder wird sie noch verändern. *Unbundeling*, *Freemium*, *Multi-Sided Platforms*, *Longtail* oder *Open Businesses* sind Beispiele für ganz neue Geschäftsmodelle, die traditionelle Branchen revolutioniert haben (vgl. Osterwalder u. Pigneur 2011). Neue Vertriebskanäle sind entstanden und digitale Produktionsformen haben die Unternehmenswelt auch traditionellerer Industrien verändert.

Die digitalen Kommunikationstechnologien haben aber auch neue Kommunikationsformen im privaten und im Arbeitsumfeld geschaffen. Stichworte wie *Social Media* oder *Open Innovation* illustrieren die teilweise Aufhebung räumlicher, zeitlicher und institutioneller Begrenzungen der Kommunikationsmöglichkeiten. Diese Kommunikationsformen beeinflussen auch die organisationsinternen Kooperations- und Abstimmungsprozesse radikal. Unterschiedliche Zeitzonen und geografische Distanzen haben ihre begrenzende Kraft verloren. Tradierte Organisationsroutinen und Kommunikationspraktiken verlieren zunehmend ihre Bedeutung. Eine Balance zwischen mündlichem und schriftlichen Austausch und der Nutzung elektronischer Medien muss in unserer Arbeitswelt neu gefunden werden (Wimmer 2012, S. 15).

Die Grenzen zwischen Organisationen sind durchlässiger geworden
Die zunehmende Spezialisierung und die durch den Zwang zur Effizienzsteigerung intensivierte Arbeitsteilung zwischen Unternehmen führen verstärkt zu netzwerkförmigen und unternehmensübergreifenden Zusammenarbeitsformen. Konkurrenzfähige Lösungen werden oft erst durch enge Kooperationen zwischen Unternehmen möglich – sei es modulare Produktionsformen, strategische Allianzen, Public-Private-Partnerschaften, Open-Innovation-Prozesse oder vielfältige Formen der Unternehmensbeteiligungen und -verschränkungen.

Hierarchische Strukturen werden zunehmend von Kooperationsmodellen zwischen Unternehmen und Unternehmenseinheiten abgelöst. Aus dieser Entwicklungslogik ergibt sich die verstärkte Notwendigkeit, in unternehmensübergreifenden Netzwerken zu agieren und sich organisationsintern entsprechend aufzustellen. Dabei stellen sich Fragen nach der organisationalen Fähigkeit zur professionellen Kooperation, nach einem bewussten Grenzmanagement und den Verhandlungs- und Steuerungskompetenzen der zentralen Schlüsselspieler eines Unternehmens.

Die gesellschaftlichen Wertvorstellungen verändern sich
Bisher war es in gewissem Maße möglich, dass Unternehmen weitgehend ungestraft die Folgekosten ihres Wirtschaftens an die Allgemeinheit externalisieren konnten. Dabei kann es sich um gesundheitliche Folgekosten, um die Schädigung der öko-

logischen Lebensbedingungen der nächsten Generationen oder um ein Abschieben von Versorgungsleistungen an das öffentliche Sozialsystem handeln.

Eine solche Externalisierung wird angesichts der Sensibilität der Gesellschaft und der Konsumenten – derzeit vorwiegend noch in den Industrieländern – zunehmend schwieriger. Unternehmen sind daher deutlich stärker gefordert, die Folgen ihrer Wirtschaftstätigkeit bei ihren Entscheidungen mit zu berücksichtigen. Ökonomische, soziale und ökologische Nachhaltigkeit gewinnt zunehmend an Bedeutung. Unternehmen werden intern und extern daran gemessen, in welchem Ausmaß sie ihrer längerfristigen gesellschaftlichen Verantwortung gerecht werden. Die Auseinandersetzung mit diesen Entwicklungen fordert die Innovationskraft – auch hinsichtlich ihrer organisatorischen Implikationen (Wimmer 2012, S. 15 f.)

Diese hier nur angedeutete zunehmende Komplexität der makroökonomischen Rahmenbedingungen erhöht einerseits die Komplexität der Strategieentwicklung für ein Unternehmen. Andererseits ist unschwer zu erkennen, dass die Funktion der Strategieentwicklung nach wie vor für die Orientierung und Sinnstiftung eines Unternehmens von zentraler Bedeutung ist – möglicherweise mehr denn je.

2 Entwicklungsstränge der Strategieliteratur

Das Feld der Strategie ist nun kein neues Phänomen, sondern reicht in seinen Ursprüngen weit zurück. In diesem Kapitel werden die verschiedenen Stränge der Strategieliteratur und -forschung nachgezeichnet, um den Unterschied, aber auch die Gemeinsamkeit des Ansatzes der systemischen Strategieentwicklung in diesem Kontext zu verorten.

2.1 Historische Bezüge

Der heute übliche Strategiebegriff geht auf die Antike zurück. Im Griechischen bezeichnet dieser Begriff etymologisch die Kunst der Heerführung (*stratos* = Heer, *agos* = Führer). Carl von Clausewitz (1994) versteht unter Strategie den »Gebrauch des Gefechts zum Zwecke des Krieges«. Es geht also im militärischen Strategieverständnis um die Wahl der Mittel zur Erreichung vorgegebener Ziele. Dieses instrumentelle Verständnis der Strategie greift bei einer Unternehmensstrategie allerdings zu kurz. In einem Unternehmen geht es immer auch um die Festlegung und Ausrichtung des Unternehmens und seiner Politik als solche.

Neben diesen abendländisch geprägten Strategien ist parallel zur zunehmenden wirtschaftlichen Bedeutung Chinas in den letzten Jahren das Interesse am chinesischen Strategieverständnis deutlich gewachsen.

Bedeutendster Vertreter dieser Denkschule ist der chinesische General, Militärstratege und Philosoph Sun Tsu (* um 544 v. Chr.; † um 496 v. Chr.). Sun Tsus Grundüberlegung besteht darin, dass Kriege von Personen oder Organisationen gewonnen werden, die einerseits über den größeren Wettbewerbsvorteil verfügen und andererseits weniger Fehler machen. Über Wettbewerbsvorteile weiß man in einem (Markt-)Umfeld im Allgemeinen recht gut Bescheid. Sie sind jedoch für Sun Tsu keineswegs der alles entscheidende Erfolgsfaktor. Schlachten werden von Personen geschlagen und gewonnen. Und die wichtigste Person auf dem Schlachtfeld ist für ihn der Befehlshaber.

Der ideale Befehlshaber hat Sun Tsus berühmtem Postulat zufolge den Krieg schon gewonnen, bevor die Schlacht begonnen hat. Dies gelingt ihm deshalb, weil er lange an seinem Charakter gearbeitet und für einen entscheidenden strategischen Vorteil gesorgt hat. In der chinesischen Philosophie beruht Führungskompetenz auf den Charaktereigenschaften des Führenden. Ein Befehlshaber gewinnt dann einen entscheidenden strategischen Vorteil, wenn er abwarten kann, bis der Feind ihm eine Gelegenheit zum Sieg bietet. Dazu bedarf es eines sorgfältigen Umgangs mit Informationen. Ein idealer Befehlshaber macht keine Fehler. Ein idealer Befehlshaber hat Geduld. Ein idealer Befehlshaber ist verschwiegen (Sun 2011).

Der französische Philosoph und Sinologe François Jullien hat die Wirksamkeit der unterschiedlichen Managementphilosophien in China und im Westen vor dem Hintergrund dieser Traditionen untersucht. Er beschreibt die chinesische Herangehensweise im Unterschied zum »Bewirken von Wirkung« als ein »Vollbringen« im Sinne der Entfaltung des Potenzials einer Situation, die vom Handeln nicht viel mehr verlangt als ein Mitvollziehen und Mitgestalten der ohnehin stattfindenden Transformation. Strategisches Handeln heißt, mit hoher Achtsamkeit zu analysieren und zu erkennen, welche Wirkung in einer Situation angelegt ist und dieses »Situationspotenzial« optimal zu nutzen. Es geht darum,

> »den Kampf erst zu beginnen, wenn er (der Gegner) bereits geschlagen ist; wenn ich also gesiegt habe. Das ist die Hauptregel der chinesischen Strategie. Wenn die Frucht noch nicht reif ist, begünstige ich die Reifung und erzwinge nichts.« (Jullien 1999, S. 43)

2.2 Langfristige Planung in stabilen Märkten

Bis Anfang der 1950er-Jahre dominierte ausschließlich eine finanzwirtschaftlich orientierte Planung die Zukunftsauseinandersetzung. In einer relativ stabilen und überschaubaren Welt bestand die Zukunftsorientierung aus einer langfristigen Finanzplanung und Budgetierung. Mit einer zunehmend dynamischeren und komplexeren Umwelt stieß diese Form als alleinige Zukunftsausrichtung bald an ihre Grenzen. Ab Mitte der 1950er-Jahre machten dynamische Wachstumsraten (»Wirtschaftswunder«) und ein zunehmendes differenzierteres Konsumentenbewusstsein die Notwendigkeit einer langfristigen, an der Unternehmensumwelt orientierten Planung bewusst (Welge u. Al-Laham 2012, S. 11). In dieser Phase entwickelte sich eine eigenständige Langfristplanung, in der die verfügbaren Informationen mit Hilfe von Trendextrapolationen Grundlage strategischer Entscheidungen waren.

2.3 Entwicklung der Strategie zur eigenständigen Disziplin ab den 1960er-Jahren

Zunehmend volatile Konjunkturzyklen, die Aufgabe des Bretton-Wood-Systems fester Wechselkursparitäten, die Beschleunigung des technischen Wandels sowie die damit verbundenen starken Veränderungen in vielen Märkten erforderten ein deutlich flexibleres Agieren der Unternehmen.

Ab den 1960er-Jahren entwickelte sich die Strategie als eigenständige wissenschaftliche Disziplin. Für Müller-Stewens u. Lechner (2001, S. 9) ist der Beginn dieser Phase mit vier zentralen Arbeiten verbunden, die die Entwicklung der strategischen Diskussion bis heute beeinflussen:

- Penrose (1959, S. 75 f.) entwickelte in seiner »Theory of the Growth of the Firm« den Grundgedanken, dass die Einzigartigkeit eines Unternehmens durch die Qualität seiner Ressourcen verstanden werden kann: »It is the heterogeneity, and not the homogeneity, of the productive services available or potentially available from its resources that gives each firm its unique character.

- In seinem Klassiker »Strategy and Structure« untersuchte Chandler (1962) die Entwicklung von vier US-amerikanischen Leitunternehmen. Seine Erkenntnisse fasste er mit seiner berühmten These »Structure follows Strategy« zusammen. Wechselt ein Unternehmen seine Strategie, so ist die Anpassung bzw. Veränderung der Unternehmensstruktur erforderlich.

- Andrews (1965) erweitert Chandlers Konzept um den Umwelt- und Fähigkeitsaspekt. In seinem Werk »Business Policy« führt er die Unterscheidung der Phasen der Formulierung und anschließenden Implementierung einer Strategie ein.
- In seinem Werk »Corporate Strategy« behandelt Ansoff (1965) die Grundzüge der strategischen Planung. Er formalisiert strategische Überlegungen in ausdifferenzierte Phasenmodelle und wird damit zum Wegbereiter der strategischen Planung. Daneben entwickelt Ansoff auch die berühmte Produkt-Markt-Matrix oder den Ansatz der »schwachen Signale«.

Die Disziplin des strategischen Managements wurde auch von Beratungsgesellschaften stark stimuliert. Konzepte wie die Erfahrungskurve, das Portfoliomanagement oder die Geschäftsfeldsegmentierung beeinflussten eine breite Fachdiskussion. Mit anwendungsbezogenen Konzepten wurden Probleme der Unternehmenspraxis strukturiert und mit Gestaltungsempfehlungen ausgestattet.

2.4 Aufspaltung in Inhalts- und Prozessforschung

Die rational-entscheidungsorientierten Basisannahmen der meisten dieser frühen Strategiemodelle wurden von Mintzberg (1990) kritisiert. Seine Fundamentalkritik setzt bei der normativen Orientierung dieser strategischen Konzepte an. Nach Mintzberg sollte strategisches Management weniger als rationaler Entscheidungsprozess, sondern vielmehr als Lernprozess konzipiert werden.

Vor dem Hintergrund der »Mintzberg-Ansoff-Kontroverse« (ebd.; Ansoff 1992) beginnt sich das Feld in zwei Forschungs- bzw. Denkstränge aufzuteilen: eine *Inhaltsforschung* und eine *Prozessforschung.*

Inhaltsforschung

Die Inhalts- oder Content-Forschung konzentriert sich auf den Zusammenhang zwischen verschiedenen Strategien und ihren inhaltlichen Ergebnissen. Hier stehen primär inhaltliche Aspekte des Strategischen Managements im Vordergrund. Hier wurden beispielsweise die verschiedenen Strategietypen untersucht, wie sich zum Beispiel eine Diversifikationsstrategie, Mergers & Acquisitions, eine vertikale Integration, strategische Allianzen etc. auf den Unternehmenserfolg auswirken oder wie die unterschiedlichen Geschäftserfolge verschiedener Unternehmen erklärbar sind (die sogenannte Erfolgsfaktorenforschung).

Besondere Bedeutung erlangen in diesem Forschungsstrang die Arbeiten von Michael Porter (1990), der Konzepte der Industrieökonomie in die Strategiekonzepte einführte, etwa in seinem Konzept der *Five Forces* (Abb. 3). Mit diesem Konzept verbindet sich die Idee einer mehr oder weniger problemlosen Steuerbarkeit von komplexen Systemen. Das mentale Steuerungsmodell besteht aus einem zentralen Handlungsentwurf, der über die Managementpyramide bis zu den ausführenden Stellen »heruntergebrochen« und zur Ausführung gebracht werden. Ein Paradigma rationaler Unternehmenssteuerung, das von der empirischen Planungs- und Entscheidungsforschung kritisiert wird.

Prozessforschung

Die Prozessforschung hingegen beschäftigt sich mit Fragestellung, wie sich Strategien in Unternehmen tatsächlich bilden. Schreyögg (1999, S. 393) ortet eine Verschiebung des Schwerpunktes weg von der Managementfunktion Planung hin zur Managementfunktion Organisation. Es geht also nicht mehr nur um die Frage, ob »Strategie der Struktur folgt« oder aber »Struktur der Strategie«. Vielmehr tritt für ihn Organisation zunehmend an die Stelle der strategischen Planung. Entscheidungen sind aus dieser Perspektive das Resultat komplexer Aushandlungsprozesse, in denen die Macht und die Spielzüge der einzelnen Subsysteme und handelnden Personen von nicht zu unterschätzender Bedeutung sind (ebd., S. 395). Nur wer den

Prozess kennt, kann nachvollziehen, warum sich eine Strategie so und nicht anders herauskristallisiert hat (vgl. Crozier u. Friedberg 1979).

In den letzten Jahren hat sich in der Strategieforschung ein »Strategy-as-Practice-Ansatz« etabliert. Dieser beschäftigt sich in der Tradition der Prozessforschung mit der Analyse und Interpretation real abgelaufener Strategieprozesse und entsprechender Handlungsmuster in Unternehmen (vgl. Johnson et al. 2007; Hernes 2008). Dieser Ansatz wird in Kapitel 2.4.2 ausführlicher dargestellt.

2.4.1 Inhaltlich geprägte Strategiekonzepte

In den letzten Jahren wurden insbesondere im angloamerikanischen Raum Fragen des strategischen Managements vorwiegend unter ökonomischen Perspektiven diskutiert. Deren wichtigste Strömungen und deren Relevanz für strategische Fragen werden hier kurz ausgeführt (ausführlich: Welge u. Al-Laham 2012, S. 25–150).

Ansätze der Spieltheorie

Die Spieltheorie ist eine Disziplin der Mathematik und hat ein leistungsfähiges Instrumentarium zur Analyse von Entscheidungssituationen entwickelt (Neumann a. Morgenstern 1944). Sie beschäftigt sich mit der Modellbildung von Interaktionen unterschiedlicher rational handelnder Spieler. Zentral ist dabei die Interdependenz zwischen den Zügen der einzelnen Spieler. Die einzelnen Züge sind von den eigenen Möglichkeiten und den Reaktionen des Gegenspielers abhängig (vgl. Welge u. Al-Laham 2012, S. 63 f.). Moderne spieltheoretische Konzepte ermöglichen, die idealisierten und stark vereinfachten Annahmen zu erweitern. So lassen sich Spiele mit unvollständigen Informationen der Akteure, mit nur bedingt rational agierenden Spielern und mit lernenden Akteuren modellieren.

Da sich die Spieltheorie mit Fragen des wechselseitigen Verhaltens von Akteuren, des Agierens im Wettbewerb und mit Entscheidungen bei Unsicherheit beschäftigt, ist dieser Ansatz für das Verhalten in strategischen Situationen besonders interessant. Für *innerorganisatorische* Entscheidungen lassen sich Überlegungen und Handlungen einzelner Akteure auf gleicher oder verschiedenen Hierarchiestufen spieltheoretisch untersuchen. Neben einer solchen organisationsinternen Betrachtung kann die Spieltheorie für strategische Überlegungen *zwischen Unternehmen* eine wichtige Rolle spielen. Sie beschäftigt sich mit Interaktionen kooperativer oder kompetitiver Natur auf nationaler oder internationaler Bühne.

Allerdings sind der mathematischen Erfassung und Prognose von Aktions- und Reaktionsmustern in der strategischen Praxis Grenzen gesetzt. Denn spieltheoretische Berechnungen liefern nur in recht eng definierten Spielsituationen eindeutige Ergebnisse. Komplexere Spielannahmen liefern oft keine eindeutige Lösung bzw. ein höchst instabiles Lösungsgleichgewicht. Ein weiterer Kritikpunkt besteht darin, dass das notwendige Prämissengerüst die Vielfalt der Einflussfaktoren der Unternehmenspraxis nicht angemessen abbildet. Und schließlich beschäftigen sich spieltheoretische Marktmodelle mit einem Duopol- oder Oligopolmarkt. Die überwiegend atomistischen Märkte der modernen Wirtschaftswelt entziehen sich weitgehend einer spieltheoretischen Betrachtung (vgl. Grant a. Nippa 2006, S. 152 f.).

Ansätze der Industrieökonomik

Leitgedanke der industrieökonomischen Ansätze ist die Grundannahme, dass die Marktstruktur einer Branche maßgeblichen Einfluss auf die Akteure und deren Erfolg hat. Aus dieser Perspektive betrachtet, beeinflusst die Wahl des Wirtschaftszweiges den Erfolg bzw. Misserfolg der Unternehmung wesentlich. In der Strategiepraxis nimmt dieses Gedankenmodell einen besonderen Stellenwert ein. Da die Branche bzw. der Markt im Mittelpunkt steht, wird diese Schule auch als »*Market-based View*« bezeichnet (Porter 1981; D'Aveni 1995).

Porter (1990) hat mit seinem »Five-Forces-Modell« einen Rahmen zur Beschreibung der Wettbewerbsstruktur einer Branche entwickelt (Abb. 3). Die Analyse der zentralen Treiber einer

Branche wird oft im Rahmen der Analyse des Marktes in der Analysephase genutzt. Porters in diesem Zusammenhang konzipierten generischen Strategietypen zum Erzielen einer einzigartigen Kostenführerschaft, einer unterscheidbaren Produktdifferenzierung oder der Konzentration auf eine Nische der Branche stimulieren bis heute die Strategiediskussion in manchen Unternehmen.

Abb. 3: Five-Forces-Modell von Porter

Die Beschäftigung mit diesem Paradigma legt für ein Unternehmen einige normative Konsequenzen nahe: Unternehmen können überdurchschnittliche Gewinne erzielen, wenn sie in einer attraktiven Branche agieren und potenziellen Wettbewerbern den Zutritt zum Markt erschweren. Ferner wird empfohlen, dass sich das Unternehmen entweder durch eine Produktdifferenzierung oder durch deutliche Kostenvorteile von Mitbewerbern abgrenzt (vgl. Welge u. Al-Laham 2012, S. 82).

Die Grenzen dieses Strategietyps liegen darin, dass durch solche generischen Empfehlungen eine Nivellierung der Wettbewerbsunterschiede zu erwarten ist. Dieser Ansatz berücksichtigt zu wenig die Bedeutung der internen Gegebenheiten eines Unternehmens bzw. dessen Ressourcenausstattung. Daher hat sich seit den 1990er-Jahren eine konzeptionelle Gegenposition zur Industrieökonomik entwickelt: Der »Market-based View« wurde durch einen »Resource-based View« ergänzt.

Ressourcen- und wissensbasierter Ansatz

Die Grundannahme dieses Ansatzes besteht darin, dass langfristig erfolgreiche Unternehmen interne Fähigkeiten aufbauen müssen, die einen überdurchschnittlichen Beitrag zum zukünftigen Kundennutzen leisten können. Die Betonung der Ressourcen ist das Ergebnis einer längeren kritischen Auseinandersetzung mit dem »Market-based View« und der einseitigen Ausrichtung des strategischen Managements an den unternehmensexternen Markt- und Branchengegebenheiten (vgl. Nagel u. Wimmer 2009, S. 186 f.). Dieser fokussierten Marktorientierung wird seit dem Ende der 1980er-Jahre die besondere Bedeutung der im Laufe der Lerngeschichte eines Unternehmens aufgebauten internen Ressourcen und Leistungspotenziale gegenübergestellt (Barney 1991). Diesem Schwenk nach innen korrespondiert der »Resource-based View« des ressourcen- und wissensbasierten Strategieansatzes (Johnson a. Scholes 2002, S. 156 ff.).

Die Bedeutungszunahme dieses Ansatzes liegt in der Marktentwicklung einer Dynamisierung des Wettbewerbs und der Beschleunigung der Produktlebenszyklen begründet. Die klassische Produkt-Markt-Orientierung eines Unternehmens greift oft zu kurz und kann dauerhafte Wettbewerbsvorteile nicht mehr garantieren.

Quelle des strategischen Erfolges ist mit diesem konzeptionellen Verständnis ein kollektives Kompetenzkonstrukt, in dem viele einzelne organisationalen Kompetenzen zusammenfließen (Schreyögg 1999, S. 394). Das Besondere solcher Kernkompetenzen ist, dass sie in einem meist impliziten kollektiven Lernprozess entstehen, der einzelne Fähigkeiten abteilungs- und funktionsübergreifend zu einer komplexen organisationalen Kompetenz bündelt. »Eine Kernkompetenz ist ein Bündel an Fähigkeiten und Technologien, das es einem Unternehmen ermöglicht, seinen Kunden einen bestimmten Nutzen anzubieten.« (Hamel

u. Prahalad 1997, S. 306) Beim Wettlauf um die Zukunft geht es daher weniger um einzelne Produkte und Dienstleistungen, sondern vielmehr darum, künftig relevanten Kundenproblemen mit ausreichend ausgereiften Kernkompetenzen zu begegnen.

Die Vertreter dieses konzeptionellen Ansatzes verorten die Wettbewerbsvorteile eines Unternehmens in der Ausstattung mit unternehmenseigenen Kompetenzen und Fähigkeiten. Grundannahme ist, dass die unternehmensinternen Kernkompetenzen die zentrale Unterscheidung und dadurch die »Erfolgswurzeln« eines Unternehmens sind. Jene Unternehmen erzielen nach diesem Denkmodell außergewöhnliche Resultate, die als Organisation einige ausgewählte, strategisch wichtige Kompetenzen beherrschen und in den verschiedenen Produkt- oder Geschäftsbereichen einsetzen und nutzen können. Hamel und Prahalad (1997) zufolge besteht ein Unternehmen aus einem Portfolio von Kernkompetenzen.

Organisationsdemografische Ansätze

Diese strategischen Entwicklungsansätze sind in der angloamerikanischen Organisationsforschung als »Organizational Ecology« etabliert (vgl. Welge u. Al-Laham 2012, S. 113 f.) und stützen sich auf die Grundlagen der Evolutionstheorie. Es geht darum, den Evolutionsprozess einer Organisation zu rekonstruieren. Vor allem interessieren die strategischen Entwicklungspfade von Unternehmen – also insbesondere Geschichten ihrer Gründung und ihres Scheiterns (Hannan a. Carroll 2002). Diese empirische Forschungsrichtung untersucht den Einfluss des Alters, der Größe und der Gründungsbedingungen von Unternehmen sowie den Modus ihres Markteintritts.

Abhängigkeit von Alter und Größe

Gemäß der »Liability of Newness« (Al-Laham 2007) sind junge und neu gegründete Unternehmen stärker gefährdet zu scheitern, als dies bei etablierten Organisationen gegeben ist. Denn diese müssen sich erst am Markt etablieren und externe und interne Routinen erlernen. Darüber hinaus fehlen bei Neugründungen stabile Beziehungen, um Reputation zu erlagen. Im Unterschied dazu weist die »Sterberate« älterer Unternehmen einen fallenden Verlauf auf (ebd., S. 14).

Gründungsbedingungen

Die empirische Gründungsforschung versucht, eine Beziehung zwischen den Umweltbedingungen und spezifischen Charakteristika einer Gründung zur Überlebenswahrscheinlichkeit zu entdecken. So konnte nachgewiesen werden, dass ein hohes Startkapital, ein hohes Beziehungskapital des Gründers sowie ein hohes Humankapital (Ausbildung und Erfahrung) die Überlebensfähigkeit von Organisationen erhöhen (Brüderl a. Preisendörfer 1998). Wie andere Untersuchungen belegen, haben Spezialisten bei Unternehmensgründungen eine höhere Überlebensrate als Generalisten.

Nischenbreite

Die Theorie der Nischenbreite klassifiziert Organisationen in ihrer strategischen Ausrichtung als »Generalisten« und »Spezialisten« (Hannan a. Freeman 1989):

- *Generalisten* sind eher breit und bei wechselnden Umweltzuständen besser aufgestellt. Sie können bei unsicheren Marktbedingungen leichter auf benötigte Ressourcen zugreifen.
- *Spezialisten* hingegen besetzen oft Nischen, für die sie ein spezifisches Produktportfolio in einer stabilen Umwelt anbieten. Sie sind also auf einen bestimmten Umweltzustand besser ausgerichtet.

Solche Ansätze fokussieren das Augenmerk auf die Perspektive der jeweiligen strategischen Aufstellung. Methodisch beruht dieser Forschungsansatz auf Langzeitstudien. Konzeptionell stellen Organizational-Ecology-Forschungen einen Brückenschlag zwischen »Resource-based View« und Strategieprozessforschung dar.

Eine kritische Sicht auf diese beispielhaft genannten organisationsdemografischen Ergebnisse macht den Mehrwert gegenüber einem wirtschaftlichen »Hausverstand« nicht immer leicht erkennbar.

2.4.2 Prozessforschung –
Prozessorientierte Strategie- und Steuerungskonzepte

Wie schon ausgeführt, beschäftigt sich die Prozessforschung im Unterschied zur Content-Forschung mit der Fragestellung, wie sich Strategien in Unternehmen tatsächlich bilden. Strategische Entscheidungen sind aus dieser Perspektive das Resultat komplexer Konstruktions- und Aushandlungsprozesse. Nur wer den Prozess kennt, kann nachvollziehen, warum sich eine Strategie so und nicht anders herauskristallisiert hat. Diese Forschungsrichtung fokussiert daher darauf, wie eine Unternehmung zu einer Strategie kommt.

Die Arbeiten von Schreyögg

Schreyögg (1999) hat sich schon recht früh mit der Strategie als Resultat organisatorischer Prozesse beschäftigt. Für ihn sind strategische Entscheidungen ein zu wesentlichen Teilen emergentes Phänomen, das sich aus der alltäglichen Praxis herausentwickelt. Ihm schienen dabei die folgenden Perspektiven der Strategiepraxis hervorhebenswert:

- strukturalistische Perspektive,
- politische Perspektive,
- organisierte Anarchie und
- kognitive Perspektive.

Strukturalistische Perspektive

Hier gilt das Augenmerk der Analyse der verwendeten Koordinationsmechanismen und ihrem Einfluss auf die Strategiebildung. Es wird besonders der Einfluss partiell verselbstständigter Subsysteme auf die Strategie untersucht. Das strategische Zentrum wird nicht mehr automatisch an der Spitze des Unternehmens verortet, sondern kann sich in ganz verschiedenen Bereichen des Unternehmens befinden. Strategien sind daher das Ergebnis der

Initiativen organisatorischer Subsysteme und ihres Zusammenspiels. Die Subsysteme verfolgen in aller Regel unterschiedliche und teilweise konkurrierende Ziele. Die interne Herausbildung der Unternehmensstrategie wird mit einem evolutionären Prozess verglichen.

Politische Perspektive

Ausgehend von divergierenden Zielen und Interessensgruppen entsteht die Herausbildung von Strategien in einer mikropolitischen Auseinandersetzung, als Spiel mit Taktiken, Täuschungsmanövern und Kompromissen. Angesichts der Bedeutung strategischer Entscheidungen eignen sich strategische Fragestellungen besonders für (mikro)politische Prozesse. Die Unternehmensstrategie ist aus dieser Beobachtungsperspektive das Ergebnis von Macht und Aushandlungsprozessen (ebd., S. 397).

Organisierte Anarchie

Die scheinbare Zufälligkeit strategischer Prozesse ist durch Entscheidungsstromanalysen untersucht worden (Cohen, March a. Olsen 1972). Auf diese Weise lassen sich Strategien als Ergebnis des Zusammentreffens verschiedener organisatorischer Strömungen dekonstruieren. Unter dem Namen »organisierte Anarchie« ist die strategische Ausrichtung eines Unternehmens nur eine von mehreren Arenen, in denen Probleme, Problemlösungen und Ziele sich kreuzen. Das Ergebnis eines solchen zufälligen Prozesses wird im Nachhinein nicht selten als bewusste Entscheidung »retrofitted«.

Kognitive Perspektive

Aus dieser Beobachtungsperspektive werden strategische Entscheidungen durch die in Organisationen vorherrschenden Orientierungsmuster (*Collective Mind*) bestimmt. Organisationsmitglieder bilden Alltagstheorien über den Wettbewerb, die Konkurrenzen, die Technologie etc. Diese kognitiven Muster bestimmen die Deutung strategischer Fragestellungen und die dazu passenden Lösungsmuster. Nicht mehr die Anpassung an eine objektive Umwelt, sondern die in der Unternehmung entwickelten und immer wieder reproduzierten Strukturen und Selektionsmuster bestimmen das Handeln (Weick 1995).

»Strategy-as-Practice-Forschung«

Unter dieser Überschrift werden jüngere Forschungsarbeiten zusammengefasst, die sich mit der Analyse und Interpretation real abgelaufener Strategieprozesse und entsprechender Handlungsmuster in Unternehmen beschäftigen (vgl. Johnson et al. 2007; Hernes 2008). Im Zentrum dieses empirischen Ansatzes stehen die Fragen (Jarzabkowski et al. 2007, S. 7):

- Was ist eigentlich Strategie?
- Wer beschäftigt sich mit Strategie?
- Was machen Strategen genau?
- Was erklärt dies über die Organisation bzw. über die Unternehmung?

Der Strategy-as-Practice-Ansatz versteht Strategie als ein handlungsorientiertes Konstrukt. Strategie ist daher nicht etwas, was eine Organisation hat, sondern etwas, das Personen in einer Organisation tun. Als Strategie gelten daher in einer Ex-post-Interpretation all jene Handlungen, die für die strategischen Ergebnisse, die Ausrichtung und das Überleben in einem Wettbewerbsumfeld relevant sind (Johnson et al. 2007). Drei Kernelemente sind bei diesem Ansatz wesentlich (Abb. 4): ein Konstrukt der Praxis (»practice«), die Praktiken (»practices«) sowie der handelnde Praktiker (»practitioners«).

- Die »Praxis« wird durch die konkreten Handlungen von Einzelpersonen oder Teilsystemen konstituiert. Diese Praxis ist ein situativer Fluss von Handlungen, die Konsequenzen für das Überleben einer Gruppe, einer Organisation oder einer Branche haben.
- Unter »Praktiken« werden kognitive, verhaltensorientierte, prozessuale, diskursive Elemente verstanden, die so kombi-

niert oder koordiniert werden, dass sie die jeweilige Praxis im Unternehmen konstruieren. Eine Praktik kann ein Strategieworkshop, die konkrete Ausgestaltung der Meetings, die Protokollierung etc. sein.

- Die »Praktiker« sind die Akteure strategischer Handlungen, die das Ergebnis durch ihre Art zu handeln beeinflussen bzw. bestimmen. Diese Akteure konstruieren durch die Art und Weise, wie sie handeln, und dadurch, auf welche Ressourcen sie zugreifen, die jeweilige Strategiepraxis in der Organisation.

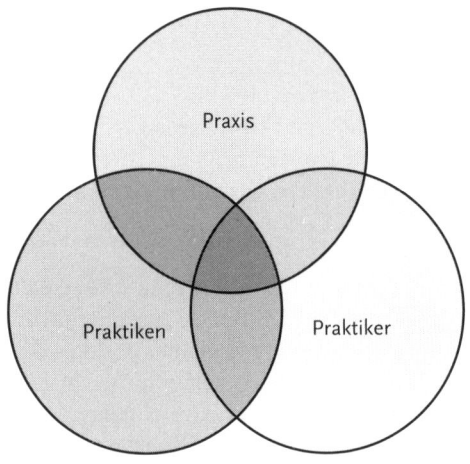

Abb. 4: Konzeptioneller Bezugsrahmen zur Analyse und Interpretation einer »Strategy as Practice« (Jarzabkowski et al. 2007, S. 11)

Der Strategy-as-Practice-Ansatz ist ein induktiver Strategiezugang, der Praxisbeobachtungen beschreibt und einordnet. Ein theoretischer Rahmen, in den diese Praxisbeobachtungen gestellt werden, fehlt weitgehend oder bleibt implizit. Glatzel (2012, S. 174 f.) formulierte daher zwei grundsätzliche kritische Fragen:

- Welche Relevanz haben die auf solche Art diagnostizierten Ergebnisse für die Strategiepraxis in Unternehmen?
- Produziert die Analyse der verschiedensten Mikroprozesse trotz ihrer außergewöhnlichen Praxisnähe ein generalisierbares Ergebnis?

Agile Strategie- und Innovationsmuster schnell wachsender Technologieunternehmen

Die rasante Entwicklung im Zusammenhang mit der digitalen Revolution der letzten Jahre hat zu einer kritischen Überprüfung der traditionellen Muster der Strategieentwicklung gerade bei jungen und sehr schnell wachsenden Technologieunternehmen geführt (Christensen 2013; McGrath 2013; Ries 2010; Zenger 2013; Cooper a. Vlaskovits 2010). Obwohl sich die von diesen Autoren formulierten Hypothesen zu den Innovationsmustern unterscheiden, eint sie doch die Diagnose, dass solche Unternehmen andere Formen der Zukunftsauseinandersetzung erfordern.

Beobachtungen zu den unterschiedlichen Mustern[1]
Gerade der große und oftmals langjährige Erfolg technologiegetriebener Unternehmen mündet nicht selten in einer Selbstsicherheit und in einem Gefühl von Stabilität der Umweltentwicklungen, das angesichts der Dynamik des digitalen Fortschritts nicht angemessen ist. Denn die »digitale Revolution« verursacht eine Veränderungsdynamik, die etablierte Unternehmen kaum mehr bewältigen können. Es sind meist junge und technologiegetriebene Unternehmen, die die Spielregeln der Branchen infrage stellen und neu schreiben. Sie kommen scheinbar aus dem Nichts und greifen die Marktführer oft mit Erfolg an.

Solche jungen und schnell wachsenden Technologieunternehmen haben eine andere, schnellere, flexiblere Art und Weise der strategischen Ausrichtung entwickelt. Neuere Arbeiten von Eric

---

1 Wir bedanken uns für die Anregungen unserer osb-Kolleginnen Katrin Glatzel und Tania Lieckweg (2013), die sich mit dem Strategieverständnis dieses Unternehmenstyps beschäftigen.

Ries, Rita McGrath und Todd Zenger zeigen erste Konturen dieser agilen Form der Zukunftsausrichtung.

Eric Ries: Strategie als Hebel (»pivot«)
Strategiearbeit ist weniger ein strukturierter Prozess, für den
man sich eine Auszeit nimmt, sondern ein permanentes Oszillieren zwischen der attraktiven technologischen Vision des Tech-
nologieunternehmens und den laufenden Anpassungserforder-
nissen des Produkts. Die vom Markt geforderten Features verändern sich laufend. Den Raum zwischen der technologischen
Vision und Produktapplikationen gestaltet ein agiler Prozess der
strategischen Auseinandersetzung, den Ries »pivot« nennt (Ries
2011, S. 149; Übers. R. N. u. R. W.):

> »Pivot ist ein Prozess einer strukturierten Kurskorrektur, um eine
> neue Hypothese zu einem Produkt bzw. einer Strategie oder ein
> Wachstumsmodell zu testen.«

Strategie- und Innovationsarbeit bei diesem Unternehmenstyp
ist daher eine sehr kurz getaktete und permanente Reflexion
über Umweltbedingungen, technologische Neuerungen, Nach-
justierungen, Analyse und Steuerung zugleich.

Rita McGrath: Agile Prinzipien des Strategiediskurses
Geschwindigkeit ist das überragende Prinzip. Schnelle und ro-
buste Entscheidungen ersetzen genaue, aber zu langsame Strategiediskussionen. McGrath (2013) bringt diese Prinzipien in
ihrem »New Strategy Playbook« auf den Punkt:

> »– Beschäftigen Sie sich mit einer Arena und nicht mit einer Branche.
> – Legen Sie einen groben Rahmen fest, innerhalb dessen Sie Ihre
>   Mitarbeiter experimentieren lassen.
> – Verwenden Sie Messgrößen, um unternehmerisches Wachstum zu
>   fördern.
> – Bauen Sie auf starke Beziehungen und Netzwerke.
> – Vermeiden Sie radikale Restrukturierungen; setzen Sie auf gesun-
>   de Loslösung.
> – Fokussieren Sie Experimente und Lösungen bei Problemen.
> – Systematisieren Sie das frühe Innovationsstadium.
> – Experimentieren, wiederholen und lernen Sie.«

McGrath, Ries und Zenger beschäftigen sich mit einer aus-
gewählten Phase des Lebenszyklus eines Unternehmens – der
Pionierphase. Diese Start-up-Phase ist dadurch geprägt, dass
letztlich lebensfähige Produkt- und Marktkombinationen und
Geschäftsmodelle erst entwickelt und stabilisiert werden müs-
sen. Interaktive strategische Experimente und schnell getaktete
Rückkoppelungsprozesse sind in diesem Lebensabschnitt eines
Unternehmens meist ein angemessenes Prozessmuster.

Die Phänomene dieser Phase zu Erfolgsfaktoren eines Unternehmens zu verallgemeinern und ein solches agiles Mitschwingen zum Königsweg der Strategieentwicklung zu erklären er-
scheint uns allerdings zu kurz gesprungen. Für uns sind diese
Überlegungen weniger ein generalisierbarer neuer Strategieansatz, sondern mehr ein – durchaus praktikables – Adaptions-
muster in einer speziellen Lebensphase eines Unternehmens.

2.4.3 St. Galler Systemansatz

Im deutschsprachigen Raum hat der »St. Galler Managemen-
tansatz« eine hohe Bekanntheit zu Fragen des Managements
erlangt.[2] Den Ausgangspunkt für diese Zuschreibung bildete die
Arbeit Hans Ulrichs »Die Unternehmung als produktives soziales System«, die 1968 erstmals erschien. Diese wegweisende
Publikation ringt explizit um einen neuen wissenschaftlichen
Zugang »zur Gestaltung und Führung von Systemen« (Ulrich
1970, S. 45).

Dafür galt es, eine eigene transdisziplinäre Wissensbasis zu
schaffen. Ein in sich kohärentes Denkgebäude und eine Spra-
che, die eine übergreifende Perspektive des Beobachtens und
Beschreibens von organisationalen Phänomenen und deren
Steuerung ermöglicht. Als den für diese Ansprüche passenden
Bezugsrahmen wählte man die allgemeine Systemtheorie und
die Kybernetik in der damals zur Verfügung stehenden Ausprägung. So fußt der St. Galler Sonderweg der Betriebswirtschaft

---

2 In der Festschrift für Peter Gomez hat Wimmer (2012) das St. Galler Ma-
nagementmodell ausführlich im Kontext der neueren Systemtheorie dargestellt. Die vorliegende Darstellung basiert auf dieser Erstveröffentlichung.

mit seiner expliziten Fokussierung auf die Bewältigung von Fragen der Unternehmensführung klar auf einem »systemorientierten Denkansatz«, auf »systemisch-konstruktivistischen« Theoriegrundlagen (Rüegg-Stürm 2005, S. 16), die im Laufe der Jahrzehnte an dieser Universität zu einem eigenen Management-Modell weiterentwickelt und verfeinert worden sind.

Im Mittelpunkt ihres Interesses standen Phänomene der Selbstorganisation, der Selbststeuerung, Prozesse der positiven und negativen Rückkoppelung, der spontanen Ordnungsbildung, zirkulärer Wirkungszusammenhänge, der Bildung homöostatischer Gleichgewichtszustände und Ähnliches mehr. Einen besonderen Einfluss gewannen letztlich aber die Arbeiten von Stafford Beer (1959, 1972). Dessen Modell eines lebensfähigen Systems lieferte die entscheidenden Anregungen für die Entwicklung dieser spezifischen Managementlehre. Beers Verständnis lebender Organismen und der Art und Weise, wie diese in ihren jeweiligen Umwelten ihre Lebensfähigkeit aufrechterhalten, gewinnt unmittelbar paradigmatischen Vorbildcharakter für die Modellierung von Managementaufgaben in Unternehmen und vergleichbaren Organisationen. Damit verlagerte sich die Vorstellung vom Sinn und Zweck einer Unternehmung weg vom Primat der wirtschaftlichen Gewinnoptimierung hin zur Entwicklung jener Systemqualitäten, die ein erfolgreiches Überleben derselben eingebettet in ihre jeweils spezifischen Umwelten und deren Veränderung ermöglichen (vgl. Krieg 1985, S. 261 ff.).

Die wesentlichen Managementfunktionen und ihre innere Vernetzung werden analog zur Funktionsweise des Gehirns konzipiert. Diese Art der Vernetzung folgt der grundlegenden Annahme (ebd., S. 89): »Jedes höhere Lebewesen, wie auch jedes soziotechnische System, ist hierarchisch organisiert.« Daraus wird letztlich die innere Logik für die funktionale Differenzierung der Lenkungszusammenhänge eines Unternehmens gewonnen: Das sind die Ebenen des normativen, des strategischen sowie des operativen Managements und die Koordination der divisionalen Einheiten, die zu einer stimmigen Performance des

Gesamtsystems führen. Diese aus dem Beer'schen Modell des lebensfähigen Systems gewonnenen Vorstellungen, bezogen auf die innere Logik der Lenkbarkeit solcher als besonders komplex eingeschätzter Systeme, bildeten die entscheidende theoretische Hintergrundfolie für die detaillierte Ausarbeitung der system-orientierten St. Galler Managementlehre.

Das St. Galler Management-Modell, speziell mit seinem inte-grierenden Grundverständnis der Aufgaben und Funktionen des Managements (»vernetzt denken, unternehmerisch handeln, als Persönlichkeit überzeugen«), hat in der Zwischenzeit vielen Tau-senden Führungskräften im deutschsprachigen Raum professi-onalen Halt und Orientierung gegeben. Ganz im Unterschied zu dieser über die Jahrzehnte aufrechterhaltenen Praxisrelevanz ist die Ursprungsenergie rund um die wissenschaftliche Ausein-andersetzung bezogen auf die Spezifika des systemorientierten Ansatzes und seine Implikationen für ein integriertes Manage-ment- und Führungsverständnis inzwischen allerdings weitge-hend verloren gegangen.

In diesem Biotop sind im Laufe der Jahre auch Beiträge ent-standen, die die Strategieforschung und die Strategiepraxis sti-muliert haben. Die bekanntesten Autoren aus dem St. Galler Umfeld sind Alois Gälweiler, Cuno Pümpin, Gilbert Probst und Peter Gomez, Günter Müller-Stewens und Christoph Lechner.

Alois Gälweiler

Gälweiler (1986) entwickelte eine Grundsystematik jener Pro-blemfelder, die bei der Entwicklung einer Strategie zu beachten sind. Im Mittelpunkt stehen die beeinflussbaren Steuergrößen. Neben den operativen Steuergrößen wie Liquidität und bilan-zieller Erfolg führte er als »Vorsteuergröße« sogenannte »neue Erfolgspotenziale« ein. Gälweiler wies damit als Erster auf die logische Verknüpfung der Liquiditäts- und Erfolgssicherung hin. Er plädierte für die Berücksichtigung einer der Erfolgssteuerung vorgelagerten zusätzlichen Steuergröße, des Erfolgspotenzials.

Cuno Pümpin

Pümpin führte den Begriff der »strategischen Erfolgsposition« (SEP) in den Strategiediskurs ein, die er wie folgt definiert (Pümpin 1986, S. 34):

> »Bei einer SEP handelt es sich um eine in einer Unternehmung durch den Aufbau von wichtigen und dominierenden Fähigkeiten bewusst geschaffene Voraussetzung, die es dieser Unternehmung erlaubt, im Vergleich zur Konkurrenz langfristig überdurchschnittliche Ergebnisse zu erzielen.«

»Strategische Erfolgspositionen« sind mit den oben angeführten »Erfolgspotenzialen« von Gälweiler (1986) und den »Competitive Advantages« von Porter (1999) vergleichbar.

Gilbert Probst und Peter Gomez

Die Arbeiten von Ulrich, Gomez und Probst haben in der Managementliteratur der zweiten Hälfte der 1980er-Jahre zu einem regelrechten Modetrend geführt. Gomez und Probst (1987) haben den Ansatz des »vernetzten Denkens« popularisiert. Dieser Ansatz, der sich auf die Kybernetik erster Ordnung bezieht (Maturana u. Varela 1987; von Glasersfeld 1996; von Bertalanffy 1955), wurde auf die Problemlösung und Entscheidungsfindung übertragen und dabei arbeiteten die Autoren beobachtbare triviale Denkfehler des Managements heraus.

Gomez und Probst entwickelten ein Instrumentarium, mit dem sich die Wechselwirkungen zwischen Systemelementen und der zeitliche Wirkungsverlauf von Entscheidungen nachzeichnen und analysieren lassen. Ihr Hauptverdienst liegt in der Schaffung dieser leicht verständlichen Methode, die komplexe Probleme erfassbar und verstehbar macht und eine Grundlage für eine mögliche Lösung schafft.

Das Modell des »vernetzten Denkens« ist kein strategisches Konzept im engeren Sinne. Allerdings wurde es bei der Analyse der strategischen Ausgangssituation und bei der Auseinandersetzung mit Folgewirkungen von Entscheidungen öfters genutzt.

Günter Müller-Stewens und Christoph Lechner

Beide Autoren veröffentlichten 2001 ihr integratives Modell des Strategischen Managements. In diesem integrativen Ansatz, den sie »St. Galler General Management Navigator« nannten, werden ineinandergreifende Prozessmodule konzeptionalisiert – Elemente, die die Entwicklung einer Strategie, deren Umsetzung in die Leistungsprozesse der Organisation bis hin zu ihrem operativen Wirksamwerden in den zugehörigen organisationalen Veränderungsprozessen umfassen.

2.4.4 Porters Konzept des »Creating Shared Value« (CSV)

In seinen neuesten Artikeln setzt sich Porter (Porter a. Kramer 2011) kritisch mit einer zu engen betriebswirtschaftlichen Perspektive der strategischen Ausrichtung vieler Unternehmen auseinander. Kurzfristige Kostenminimierung, Downsizing und Outsourcing, Konsolidierung ganzer Branchen und die Kurzfristigkeit der Ertragserwartungen haben nicht zu nachhaltigen Wachstum und Innovation geführt. Vielmehr sieht sich das kapitalistische Wirtschaftssystem in den entwickelten Gesellschaften mit einer erheblichen Akzeptanzkrise konfrontiert.

Bisher war es in gewissem Maße möglich, dass Unternehmen weitgehend ungestraft die Folgekosten ihres Wirtschaftens an die Allgemeinheit externalisieren konnten. Dabei kann es sich um gesundheitliche Folgekosten, um die Schädigung der ökologischen Lebensbedingungen der nächsten Generationen oder um ein Abschieben von Versorgungsleistungen an das öffentliche Sozialsystem handeln. Diese Externalisierung wird angesichts der Sensibilität der Gesellschaft und der Konsumenten – derzeit vorwiegend noch in den Industrieländern – zunehmend schwieriger. Unternehmen sind daher deutlich stärker gefordert, die Folgen ihrer Wirtschaftätigkeit bei ihren Entscheidungen mit zu berücksichtigen. Ökonomische, soziale und ökologische Nachhaltigkeit gewinnt zunehmend an Bedeutung. Obwohl viele Unternehmen eine breite Palette an Aktivitäten im Bereich Corporate Social Responsibility (CSR) praktizieren, ist der dadurch bedingte Einfluss auf eine nachhaltig positive gesellschaftliche Entwicklung begrenzt.

Es herrscht in der breiten Bevölkerung vielmehr zunehmend die Einschätzung vor, dass Unternehmenserfolg nicht (mehr) zu einem gesellschaftlichen Fortschritt führt. Die Legitimität der Geschäftstätigkeit moderner Unternehmen erodiert zunehmend und höhlt die Vertrauensbasis in das industrielle Geschäftsmodell des kapitalistischen Wirtschaftens aus.

Die Strategien vieler Unternehmen sind häufig von den gesellschaftlichen Herausforderungen entkoppelt. Daher plädiert Porter (2010) dafür, dass Unternehmen die aktuellen gesellschaftlichen Herausforderungen in ihre strategischen Überlegungen und in ihre Unternehmenspraxis integrieren müssen. Für ihn ist diese Integration die nächste große Herausforderung des Managements.

Nach Porter sollten sich Unternehmen mit einem grundsätzlich neuen Konzept, das er »*Shared Value*« nennt, intensiv auseinandersetzen. Shared Value ist ein Ansatz, bei dem die Unternehmenspolitik und die -praxis die Wettbewerbsfähigkeit eines Unternehmens stärkt und die gesellschaftlichen und wirtschaftlichen Bedingungen, in denen ein Unternehmen agiert, mitberücksichtigt werden. Dies bedingt neu durchdachte Geschäftsprozesse, den Einsatz neuer Technologien und ein neue Art, mit anderen zu konkurrieren. Im Unterschied zu CSR ist dieses »*Creating Shared Value*« (CSV) Teil des Kerngeschäfts des Unternehmens und fokussiert auf vier zentralen Ansatzpunkten: Neuerfindung der Produkte und Märkte des Unternehmens, Reformulierung der Wertschöpfungskette, Entwicklung lokaler Cluster und Stärkung eines breiteren sozialen und wirtschaftlichen Kontextes.

Neuerfindung der Produkte und Märkte des Unternehmens
Bei der Ausgestaltung von Produkten und Dienstleistungen berücksichtigen Unternehmen gesellschaftliche Bedürfnisse aktiv mit – wie die Auswirkungen der Produkte des Unternehmens auf die Umwelt, die Sicherheit der Beschäftigten und der lokalen Bevölkerung, die gesundheitlichen Implikationen sowie Bildungsaspekte. Darüber hinaus strebt ein CSV-Unternehmen nach einer Schaffung neuer Märkte, in denen noch unerfüllte Be-

dürfnisse schlummern und noch nicht bearbeitete Gemeinschaften adressiert werden. Dabei geht es nicht nur um die Erfüllung des Kundennutzens, sondern auch um die Stimulierung sozialer und ökonomischer Entwicklung. Solche neuen Bedürfnisse und Kunden können wichtige Innovationspotenziale und eine deutliche Unterscheidung von der Konkurrenz ermöglichen.

Reformulierung der Wertschöpfungskette
Zum Konzept des CSV gehört die Überprüfung der Wertschöpfungskette (»value chain«) eines Unternehmens hinsichtlich der Passung und Auswirkung auf ihre gesellschaftlichen Bedingungen.

- In *Forschung und Entwicklung* bedeutet dies, sich auf die Suche nach ressourcen- und umwelteffizienten Produkten und Dienstleistungen zu begeben und sich auf die Implikationen hinsichtlich der jeweiligen Produktsicherheit und die Gesundheit der Kunden zu fokussieren.
- Beim *Einkaufsprozess* wird zusätzlich zur Wirtschaftlichkeit auf soziale und Umweltstandards der Lieferanten geachtet, auf deren Umgang mit gefährlichen Materialien, deren Ressourcenverbrauch oder Energieeffizienz.
- Bei der *Gestaltung der Logistikprozesse* liegt ein zusätzlicher Fokus auf der Reduktion des Verpackungsmaterials, auf Recyclingmöglichkeiten und auf den Implikationen des Transportmodus der Warenströme.
- Die Einsparung von Inputs und Emissionen, die Überprüfung von Outsourcing-Entscheidungen und die besondere Beachtung von Arbeitssicherheit und Gesundheit der Mitarbeiter können Ansatzpunkte bei der Neugestaltung der *Operations* sein.
- Im *Vertrieb* steht der Zugang zu bisher noch nicht bearbeiteten Märkten, die Kommunikation des Shared Values gegenüber den Kunden oder eine offensive Kommunikation der verantwortungsvollen Produktion zur Diskussion.
- Im Bereich *Human Resources* beachten Unternehmen besonders die Sicherheit der Arbeitsbedingungen, die Kompetenz-

und Know-how-Entwicklung der Mitarbeiter, gesundheitliche Aspekte oder die bewusste Rekrutierung von benachteiligten Bevölkerungsgruppen.

Entwicklung lokaler Cluster
Starke Cluster vor Ort beeinflussen die Leistungsfähigkeit eines Unternehmens vielfältig. Eine bewusste Investition in lokale Cluster verstärkt die Verbindung der lokalen oder regionalen Wirtschaft mit dem Erfolg des Unternehmens und der wirtschaftlichen Entwicklung durch Know-how-Aufbau und durch zusätzliche Einkommen weiterer Personen auch außerhalb des Unternehmens.

Stärkung eines breiteren sozialen und wirtschaftlichen
Kontextes
Wenn sich Unternehmen bei der Entwicklung positiver gesellschaftlichen Rahmenbedingungen engagieren, kann dies auch auf die Rahmenbedingungen des eigenen Geschäfts positiv zurückwirken. Ausdruck dieses Engagements können Initiativen im Gesundheitssystem oder bei der Verbesserung des Bildungsniveaus benachteiligter Bevölkerungsgruppen sein. Die gesellschaftliche Bedeutung eines größeren Unternehmens ermöglicht auch eine Einflussnahme auf Regularien, auf die Infrastruktur für Wassersicherung und -verteilung im Umweltbereich sowie die Beeinflussung von ökonomischen Rahmenbedingungen wie Elektrizitätspreisbildung, Handelspolitik, faire Wettbewerbsregeln und Gesetze.

Solche Ansatzpunkte und Interventionen können nach Porter die Produktivität und Wirtschaftlichkeit des Unternehmens positiv beeinflussen und dadurch die Basis für *Shared Value Creation* in anderen Bereichen stärken. Im Kern geht es in Porters CSV-Konzept darum, eine Entwicklung anzustoßen und zu gestalten, die sowohl den Unternehmenserfolg fördert als auch gesellschaftlichen Nutzen stiftet.

Der Sinn dieses Konzepts liegt darin, die Rolle eines Unternehmens in der Gesellschaft grundsätzlich neu zu denken. Dies ist für Porter kein philanthropischer Zugang, da CSV neue Dimensionen der Wertschöpfung für ein Unternehmen erschließt. Wenn Unternehmen als Unternehmen und nicht (wie bei CSR) als wohltätige Organisationen agieren, so ist das für Porter wohl die stärkste Kraft, viele der brennenden Themen unserer Gesellschaft Erfolg versprechend anzugehen.

CSV als Anstoß einer Welle der Innovation, Produktivitätssteigerung und des globalen Wirtschaftswachstums

Eine grundsätzliche Transformation in Richtung CSV erzeugt Sinn für ein Unternehmen und das kapitalistische Wirtschaftssystem als solches. Nur so besteht die Chance, die Geschäftstätigkeit kapitalistischer Unternehmen gegenüber der Bevölkerung zu legitimieren und neu zu erfinden.

Die Bedeutung der Strategiedisziplin bei CSV liegt darin, den eng geführten betriebswirtschaftlichen Fokus eines Unternehmens zu erweitern, in dem seine Verantwortung für die Gesellschaft und die Bewältigung der mitverursachten Probleme der Gegenwart Teil der strategischen Positionierung wird. Darin liegt laut Porter die nächste große Herausforderung des strategischen Managements.

2.5 Stellenwert der verschiedenen Strategiemodelle und Managementmoden

Der *Harvard Business Review* (HBR), eine der renommiertesten und einflussreichsten internationalen Publikationen an der Schnittstelle zwischen Strategieforschung und der Unternehmenspraxis, hat in den letzten 90 Jahren etwa 12.000 Artikel veröffentlicht. Auf der Basis des Suchdienstes Google Scholar wurde der Einfluss dieser Artikel auf andere Publikationen seit den 1950er-Jahren ausgewertet. Die Novemberausgabe 2012 der Zeitschrift zeigt in einer Übersicht jene Themen, die den wissenschaftlichen Diskurs in besonderem Maße stimulierten (http://hbr.org/2012/11/decades-of-influence/ar/1 [14.8.2014]).

Besondere Resonanz fanden ab den 1980er-Jahren die industrieökonomisch geprägten Beiträge von Michael Porter: Über 30 Jahre prägten sie die Fachdiskussion, beginnend mit den »Five Forces«, seiner Auseinandersetzung mit nationalen Wettbewerbsvorteilen, bis zu den Auswirkungen des Internets auf die Unternehmensstrategien der Unternehmen. Ähnlichen Einfluss hatte das von Hamel und Prahalad in den 1990er-Jahren veröffentlichte Konzept der Kernkompetenzen (Hamel a. Prahalad 1994). Ihr »Resource-based View« bildete in den Strategiepublikationen zunehmend ein Gegengewicht zum »Market-based View«. Zur gleichen Zeit wurde das Performance-Measurement-System der »Balanced Scorecard« von Kaplan und Norton populär und befeuerte in vielen Unternehmen die Auseinandersetzung mit diesem Thema.

Alfred Kieser hat in seinem bekannten Artikel »Moden und Mythen des Organisierens« (Kieser 1996) das Phänomen der Managementmoden beschrieben. Früher versprachen die Alchimisten ihren Fürsten, mittels geheimer Rezepturen Dreck in Gold zu verwandeln. Magier des modernen Unternehmertums verstehen sich laut Kieser darauf, die Sehnsucht der Manager nach dem ewig gültigen Erfolgsrezept der Unternehmensführung immer neu zu nähren: Sie prägen interessant klingende Begriffe und sorgen dafür, dass die zu einer Managementmode werden. Und wenn ein neuer Denkansatz erst einmal die Runde gemacht hat, will keiner mehr hintanstehen. Alle fragen nach dem neuen Konzept.

Doch Managementmoden entstehen nicht nur durch Marketingaktivitäten der Akteure der Managementpublizistik (wie Professoren, Verlage, Medien, Business Schools und Berater). Solche Moden sind immer auch eine Reaktion auf die jeweils aktuellen wirtschaftliche Herausforderungen der Zeit und haben dadurch auch die Funktion, Führungskräfte für Themen zu sensibilisieren, mit denen sie sich beschäftigen sollten. Schließlich geht es Kieser zufolge in der Auseinandersetzung mit neuen Strategiekonzepten um zwar banale, aber entscheidende Fragen: Brauche ich das? Steht es mir? Passt es wirklich?

Das von Kieser beschriebene und lange gültige Erfolgsmuster der Managementliteratur, einen Teilaspekt herauszugreifen und diesen zu verabsolutieren, hat nach unserer Ansicht an Bedeutung verloren. Nach 2000 tauchen keine dominant rezipierten strategischen Modelle mehr auf. Dies mag mit einem gewissen Bedeutungsverlust der Strategieentwicklung als Orientierungsdisziplin verbunden sein. Die Strategie scheint zu einer Managementdisziplin wie andere auch geworden zu sein.

Heute ist die Auseinandersetzung der Realwirtschaft mit dem Finanzsystem oder die gesellschaftliche Verantwortung für das wirtschaftliche Handeln stärker in den Vordergrund zu rücken (vgl. Kap. 2.4.4 zum Shared-Value-Konzept). Die früher noch vorhandene Orientierungskraft der »Strategie« für die Unternehmensführung ist schwächer geworden, sodass die Strategieentwicklung heute keine unbestrittene Königsdisziplin mehr ist, der eine das ganze Unternehmen integrierende Funktion zugeschrieben wird.

Die Auseinandersetzung mit den politischen, gesellschaftlichen und technologischen Umbrüchen in der Strategiedisziplin – über die technokratische Anwendung einzelner Instrumente hinaus – scheint notwendiger denn je und muss konzeptionell wiedereingeführt werden. Nur dadurch kann die Strategiedisziplin ihre alte Relevanz in den Unternehmen zurückgewinnen.

3 Grundzüge der systemischen Strategieentwicklung

Wir glauben, dass die in Kapitel 2 ausgeführten klassischen Strategiekonzepte an Orientierungskraft verloren haben. Dies hat unseres Erachtens damit zu tun, dass die »Mainstream-Strategieentwicklung« zu wenig Zugang zu den tieferen Identitätsfragen von Organisationen in deren jeweiligen gesellschaftlichen, technologischen und politischen Kontext bietet. Eine Hypothese, die wir mit Porter (Porter a. Kramer 2011) teilen.

Im Unterschied zu vielen klassischen Strategiekonzepten hat die neuere Systemtheorie eine gesellschaftliche Fundierung und eignet sich dafür, eine Organisation nicht nur in ihrem wirtschaftlichen Umfeld, sondern auch in ihrem gesellschaftlichen Kontext zu betrachten und zu verorten. Wir glauben, dass die systemische Strategieentwicklung zwar kein Allheilmittel ist, aber einen komplexitätsadäquaten Zugang zu den Herausforderungen von Organisationen in einer »Next Society« (Kap. 1.3) bietet.

Im folgenden Kapitel werden die historischen Wurzeln und Grundgedanken dieses von uns konzeptionalisierten Prozessmusters der Strategieentwicklung vorgestellt.

3.1 Wurzeln der systemischen Strategieentwicklung

Die konzeptionellen Wurzeln der systemischen Strategieentwicklung liegen in unterschiedlichen Denktraditionen verortet.[3]

Organisationsentwicklung und systemische Organisationsberatung
Hier ist zuerst die angewandte Sozialforschung in der Ausprägung der Organisationsentwicklung zu nennen. Die systemische

---

3 Einige der Grundgedanken aus Kapitel 3 und 4 sind ausführlicher bei Nagel u. Wimmer (2009, S. 87–115) beschrieben.

Organisationsberatung beschäftigt sich mit der Frage, wie hochkomplexe soziale Systeme gezielt beeinflusst werden können. Diese Frage der Beeinflussbarkeit sozialer Systeme führte Wimmer (1992a, 1994, 1995) und Baecker (1994, 2003) zu einer Neuformulierung der Theorie des Managements. Zum anderen beschäftigt sich dieser Forschungsstrang mit der Unterstützung der Selbstentwicklungsfähigkeit von Systemen (vgl. Schein 1969; Wimmer 1995, 2004, 2009; Königswieser u. Exner 1998; Wimmer u. Nagel 2000).

Sowohl bei der Beeinflussbarkeit von Systemen als auch bei einer Theorie des Managements geht es im Kern um praktikable Lösungen für das im Grunde unlösbare Problem:

> »Wie kann ich als Führungskraft oder als Berater in komplexen Organisationszusammenhängen Wirkungen erzeugen, wo doch diese Systeme – eigensinnig wie sie sind – ihrer eigenen Logik, ihrer ganz eigenen Melodie folgen und sich um solche Einmischungsversuche nur sehr bedingt kümmern?« (Nagel u. Wimmer 2009, S. 87)

> »Gesucht ist eine Logik der Einflussnahme auf organisatorische Veränderungsprozesse und Entwicklungsverläufe, ohne der traditionellen Hoffnung nach einer zentralen Steuer- und Beherrschbarkeit solcher Prozesse zu erliegen. Nicht zuletzt durch diesen Respekt vor der Eigenverantwortung des Klientensystems unterscheidet sich die systemische Organisationsberatung von den Vorgehensweisen, die Beratung als expertengestütztes Ersatzmanagement ansehen.« (Wimmer 1995, S. 261)

Diese systemtheoretische Ausprägung der angewandten Sozialforschung beschäftigt sich im Kern mit paradoxen Problemstellungen, die sich in Organisationen an deren charakteristischen Reibungspunkten und Widersprüchen entzünden. Solche Problemstellungen verlangen nach einem neuen Steuerungsverständnis für die Steuerung hochkomplexer sozialer Systeme.

In beiden Feldern, der Beeinflussbarkeit und der Selbstentwicklung von Systemen, hat die anwendungsorientierte Sozialforschung in den letzten Jahren wirkungsvolle Konzepte entwickelt. Hier sei auf die vielen wegweisenden Arbeiten der letzten fünf Jahrzehnte aus dem Kontext der Gruppendynamik und Organisationsberatung verwiesen und repräsentativ für viele die viel rezipierte Arbeit von Doppler u. Lautenburg (2008) genannt.

Radikaler Konstruktivismus und Kybernetik

Weitere mit der angewandten Sozialforschung eng verknüpfte wissenschaftliche Quellen haben das Verständnis der hier beschriebenen Form der Strategieentwicklung beeinflusst. Bei diesen Denkansätzen handelt es sich insbesondere um den radikalen Konstruktivismus (von Foerster 1981), die Kybernetik zweiter Ordnung (von Foerster 1993), das Autopoiesiskonzept der chilenischen Neurobiologen Maturana und Varela (Maturana a. Varela 1987), die systemische Familientherapie der »Mailänder Gruppe« (Selvini Palazzoli 1977) und des Heidelberger Instituts für systemische Therapie (Simon et al. 1992, 1997, 2004). Aus diesen Konzepten sind eine ungewöhnliche Denkweise und Weltsicht entstanden. Eine Andersartigkeit, die gerade durch ihre ungewohnten Perspektiven neue Zugänge zu Phänomenen organisierter Komplexität ermöglicht.

Neuere Systemtheorie

Der Begriff »systemisch« ist mittlerweile im Management- und Beratungsbereich zu einem fast inflationär verwendeten Modewort geworden. Aus unserer Sicht gibt es nicht *die* Systemtheorie mit einem klar abgrenzbaren Denkgebäude und dogmatisierbaren Wahrheiten. Dies würde ihrer zugrunde liegenden Philosophie auch widersprechen. Worüber die Systemtheorie allerdings verfügt, sind Denkansätze aus unterschiedlichen Wissenschaftsdisziplinen, die sich wechselseitig befruchten und in ihrer Gesamtheit eine geänderte Auffassung von Wirklichkeit, ein neues Weltbild, entstehen ließen (Luhmann 2002; Wimmer 1992a).

Das Reizvolle an der neueren Systemtheorie ist nicht zuletzt ihr transdisziplinärer Charakter. Ihr sind die klassischen Grenzen wissenschaftlicher Fächer und die darin verbundenen Denkverbote gleichgültig. Sie folgt ihren eigenen theoriegeleiteten Fragestellungen und gewinnt daraus überraschende Perspektiven, insbesondere ein ungewöhnliches Unterscheidungsvermögen, das andere Zugänge zu komplexen Phänomenen, wie dies Unternehmen nun einmal sind, erlaubt. Am Organisationsverständnis lässt sich dies gut zeigen.

3.2 Zum systemtheoretischen Organisationsverständnis

Betrachtet man ein Unternehmen als Instrument in den Händen von Personen, die über ihren Zweck befinden, so ergeben sich aus dieser Sichtweise klar ableitbare Prinzipien, wie Unternehmen zu führen sind, welchen Zielen sie in erster Linie zu dienen haben, welche Fakten Relevanz gewinnen und welche nicht. Aus diesem Verständnis dient die Organisation als Mittel zur Realisierung eines Zwecks oder eines Zieles. Man unterstellt, dass es sich bei den Aktivitäten der Teile um Beiträge zur Zielerreichung des Ganzen (Zweck-Mittel-Relation) handelt (Luhmann 1984, S. 195). Das Ziel wird dabei als von außerhalb der Organisation vorgegeben betrachtet. Bei der Organisation selbst geht es darum herauszufinden, wie die Bearbeitung der Problemstellung zur Erreichung des Zieles mit gegebenen Mitteln auf möglichst effiziente Art und Weise erfolgen kann (Wimmer, Meissner u. Wolf 2009, S. 22).

Teile der betriebswirtschaftlichen Literatur verstehen Organisation in dieser Tradition überwiegend als ein Werkzeug der Führung zur Umsetzung der Ziele der Eigentümer. Mit einem solchen funktionalen Verständnis von Organisation wird diese zu einem Instrument der Führung, um in einem effizienten Prozess der Leistungserstellung Ordnung zwischen jenen Aufgaben, Personen, Sachmitteln oder Informationen zu schaffen, die miteinander in Beziehung stehen (vgl. Klimmer 2011, S. 3). Eine so verstandene Zweckrationalität von Organisationen ist ein Denkmodell, das eng mit dem Ingenieurs- und Maschinenmodell verbunden ist.

Dieses Denkmodell ist am Shareholder-Value-Prinzip besonders deutlich zu illustrieren. Das heißt an der Art und Weise, wie börsennotierte Unternehmen an die Anleger und Investoren und damit an die Dynamik des Kapitalmarktes gebunden werden (Rappaport 1999; Jensen 2001; zur Kritik vgl. Wimmer 2002). Die direkt kausale Verknüpfung von Zweck und Mittel im Denken der relevanten Entscheidungsträger bestimmt, welche Entscheidungen angemessen erscheinen und welche nicht. In diesem Sinne zählt vor allem, was kurzfristig den Aktienwert in die Höhe treibt. Auch wenn dies mittel- und langfristig dem Unternehmen in seiner Überlebensfähigkeit schaden mag (Collingwood 2001). Diese Denkweise hat in der Zwischenzeit durch die schweren Turbulenzen rund um die krisenhaften Erschütterungen der Finanzmärkte in den Jahren 2008/2009 an Einfluss eingebüßt.

Zu ganz anderen Betrachtungsweisen kommt man, wenn man Organisationen als sich selbst organisierende soziale Systeme versteht, die ihre spezielle Ausprägung aus ihrem gesellschaftlichen Funktionszusammenhang gewinnen. So etwa Krankenhäuser im Rahmen des Gesundheitswesens, Schulen als Teil des Erziehungssystems oder politische Parteien im größeren Kontext des politischen Systems. Organisationen in diesem Verständnis sind aufgabenbezogene Systeme, die sich ihre Zwecke selbst setzen und – wenn erforderlich – auch verändern. Sie sind also sich selbst gegenüber immer Zweck und Mittel zugleich, indem sie ihren Existenzgrund aus der Zugehörigkeit zu einem der gesellschaftlichen Kontexte schöpfen – etwa um als Krankenhaus in organisierter Form spezifische Heilungschancen zur Verfügung zu stellen – und auf dieser Grundlage ihre Ziele zur Reproduktion dieses »Eigen-Sinns« selbst setzen und verändern (ausführlich: Luhmann 2000).

Aufgabenerfüllung in Organisationen heißt daher immer, unterschiedliche Funktionsträger mit verschiedenen Kompetenz- und Wissenshintergründen so miteinander zu verknüpfen, dass an sich höchst unwahrscheinliche Leistungen zustande kommen. Es sind dies Leistungen, auf die hoch entwickelte Gesellschaften für ihr Funktionieren angewiesen sind und die nur in einer Organisation erbracht werden können.

Das Basiselement derartig leistungsbezogener Koordinationsprozesse in Organisationen sind Entscheidungen, die jeweils eine unsichere Situation in Sicherheit verwandeln und damit für weitere Entscheidungen eine festere Ausgangslage bzw. Anschlussstelle schaffen (ebd.).

Mit anderen Worten: Organisationen sind auf Aufgaben spezialisiert, die anders als über diesen Mechanismus der Unsicherheitsabsorption nicht zu bewältigen wären. Sind Organisationen einmal ins Leben getreten, dann sorgen sie für ihr Weiterbestehen und nutzen dafür die sich bietenden Chancen der für sie relevanten Umwelten.

In diesem Prozess der Selbsterzeugung sind sie in vielfacher Weise von der Umwelt abhängig. Sie sind daraus aber nicht direkt im Sinne einer linearen Kausalbeziehung determinierbar. Was organisationsintern mit Umweltereignissen passiert, ob sie als relevant aufgegriffen oder schlicht ignoriert werden, entscheidet sich ausschließlich nach den systemeigenen Regeln, Strukturen und Mustern der systeminternen Informationsverarbeitung. Die Umwelt bietet Organisationen ein vielschichtiges Rauschen, das intern als Impuls, Irritation, Chance, Bedrohung oder eben als irrelevant wahrgenommen wird. Dies erfolgt auf der Grundlage einer Grammatik, die Organisationen sich in der Vergangenheit in ihrem Überlebensprozess geschaffen haben und angesichts der zukünftigen Erwartungen reproduzieren.

3.3 Besonderheiten eines Wirtschaftsunternehmens aus systemtheoretischer Perspektive

Unternehmungen gewinnen ihren Sinn und Zweck vorrangig aus der Wirtschaft, das heißt aus jenem gesellschaftlichen Funktionssystem, das über Zahlungen codiert ist und für die Gesellschaft das Problem der Zukunftsvorsorge bearbeitbar macht (Baecker 1993).

Dies impliziert für ein Unternehmen eine besondere Spannung, in der Widersprüchliches vereint werden muss. In erster Linie sind Erträge zu erwirtschaften. Das impliziert, dass in der Gegenwart das verfügbare Kapital immer so zu verknappen ist, dass für eine ungewisse Zukunft durch Investitionen, neue

Produkte, Forschung, den Aufbau neuer Kompetenzen, Akquisitionen und Ähnliches mehr Vorsorge getroffen werden kann. Kapitalbildung heißt, den Anspannungsgrad der Ressourcennutzung jeweils so hoch anzusetzen, dass neben der Bedienung der Eigentümer- und Beschäftigteninteressen ausreichend Mittel für die Zukunftsvorsorge zur Verfügung stehen.

Das ist aber nur die eine Seite dessen, was es heißt, ein Unternehmen zu sein. Denn Erträge erwirtschaftet man nur, wenn man für seine Leistungen Abnehmer findet, die sich aus diesem Geschäft so viel Nutzen versprechen, dass sie bereit sind, den geforderten Preis zu zahlen. Wenn es also nicht gelingt, ein Unternehmen ganz konsequent um einen außergewöhnlichen Kundennutzen herumzubauen und diesen immer wieder herzustellen, müssen auf der Ertragsseite Probleme entstehen. Dafür sorgt mit einiger Unerbittlichkeit die Wettbewerbssituation (vgl. Roberts 2004).

An dieser Bipolarität ist gut zu sehen, wie der Zweck unter der Hand zum Mittel wird und umgekehrt. Mit Kunden macht man Geschäfte, um möglichst hohe Erträge zu erwirtschaften. Dies wird man auf Dauer aber nur können, wenn man den Kunden einen außergewöhnlichen Nutzen stiftet. Das heißt, das Unternehmen richtet seine gesamte Energie darauf aus, einen nachhaltigen Sinn zu produzieren, der sich nicht allein im »Gewinnemachen« erschöpft.

Dass die Wirtschaft Unternehmungen in die beschriebene Bipolarität einspannt und damit an ihre eigene Dynamik und Unberechenbarkeit koppelt, ohne sie damit in ihrer eigensinnigen Autonomie zu determinieren, hat Auswirkungen auf die unternehmensinterne Strukturbildung. Unternehmungen nutzen die verschiebbaren Grenzen zwischen sich und ihren Märkten, um das, was sich dort an Ungewissheit, an Veränderung, an sich abzeichnenden Brüchen tut, in »ausbeutbare« Geschäftschancen zu verwandeln. Mit anderen Worten: Unternehmen sind nicht das Opfer von Marktintransparenz und Ungewissheit über die Zukunft, sondern in beiden Momenten liegt die Wurzel ihrer Existenz: nämlich unternehmerische Risiken organisationsintern so bearbeitbar zu machen, dass sie in einer angesichts des Kapitaleinsatzes verantwortbaren Weise eingegangen werden können. Verantwortbar heißt, dass die eigene Ertragskraft als Unternehmen (wenn möglich) gesteigert wird, weil man es mit den eigenen unternehmensspezifischen Leistungen geschafft hat, Kunden mit ihren Nutzenerwartungen an sich zu binden und mit diesen dauerhaft Geschäfte zu machen, die die angestrebte Kapitalbildung und Wertschöpfung ermöglichen.

4 Was unterscheidet die systemische von der traditionellen Strategieentwicklung?

Dieses vorher beschriebene konzeptionelle Verständnis von Strategieentwicklung hat erhebliche Auswirkungen auf die konkrete Strategiearbeit, die sich deutlich von der Vorgehensweise und Haltung einer konventionellen expertenorientierten Strategieentwicklung unterscheidet. Die wichtigsten Charakteristika einer systemischen Strategieentwicklung lassen sich mit den folgenden acht Punkten verdeutlichen, auf die wir in diesem Kapitel detailliert eingehen:

- systemische Strategieentwicklung als nichttriviale Steuerung
- Steuerung durch Entscheidung über Entscheidungsprämissen
- Strategie als nichtdelegierbare gemeinschaftliche Führungsleistung
- Kommunikationsräume zur Reflexion und Überprüfung der eigenen mentalen Modelle
- Strategieentwicklung als rekursiver Managementprozess
- Reframing von betriebswirtschaftlichen Tools und Modellen
- Unternehmen von der Zukunft her führen
- Systemkompetenz (»organizational capability«) als angestrebtes Ergebnis

4.1 Systemische Strategieentwicklung als nichttriviale Steuerung

Steuerungssysteme beziehen einen Gutteil ihrer Attraktion auf viele Manager aus dem Versprechen, erwünschte Verhaltensweisen von Unternehmensteilen und deren Mitarbeitern mit möglichst einfachen Interventionen des Managements zu stimulieren. Diese Erwartungshaltung wird durch ein bestimmtes Steuerungsmodell geweckt, das uns aus der Technik vertraut ist.

Eine solche »triviale Maschine« nach Heinz von Foerster (1981) funktioniert gemäß einem einfachen Ursache-Wirkungs-Modell: Durch die Wahl der richtigen Inputs, die in einem kausalen Verhältnis zu der vermuteten Ursache eines Problems stehen, kann die triviale Unternehmensmaschine gesteuert werden. Eine Identifikation der richtigen »Stellhebel« der Steuerung und eine entsprechende hierarchische Anweisung bewegt die »Maschine« in die strategisch erwünschte Richtung.

Aus einer – impliziten – Grundannahme bezieht dieses Modell für viele Manager darüber hinaus seine besondere Attraktivität: Der Steuernde selbst betrachtet sich *nicht* als Teil des zu steuernden Systems. Sollte der Steuerungserfolg ausbleiben, so ist dies die Schuld der handelnden Akteure des betroffenen Subsystems.

Dieses Führungskonzept übersieht jedoch nur zu leicht die autopoietischen Eigenheiten eines sozialen Gefüges. In einem Unternehmen haben wir es mit komplex verknüpften Subeinheiten zu tun, die einander beobachten und aus diesen Beobachtungen Schlüsse ziehen, die schwer vorhersehbar und nicht kontrollierbar sind. Denn die Wirkungen einer versuchten strategischen Festlegung der Unternehmensspitze auf das Innenleben eines Unternehmens sind alles andere als trivial. Gegenreaktionen auf getroffene Entscheidungen oder Einflussnahmen auf die jeweiligen Entscheidungsspielräume sind immer zu erwarten.

Führungskräfte haben es auf allen Ebenen immer mit lebenden sozialen Systemen zu tun, an deren Selbstorganisationsprozessen sie mit ihren Handlungen teilhaben. Lebende Systeme sind wie erwähnt weder durch lineare Ursache-Wirkungs-Beziehungen berechenbar noch durch eine Führungskraft trivial steuerbar. Kommunikation mit lebenden Systemen folgt einer anderen Logik als die einer technischen Anweisung. Manager können letztlich so viel befehlen, was und wie sie wollen. Die Empfänger bestimmen als strukturdeterminierte Systeme autonom, ob sie den strategischen Steuerungsversuchen Folge leisten oder nicht.

Wie eine Business-Unit auf eine von außen vorgegebene strategische Zielsetzung reagiert, bestimmen primär nicht die Architekten der Strategie, sondern immer die mehr oder weniger eingespielten Muster innerhalb der »zu steuernden« Organisationseinheit. So wird das Verhalten der zu steuernden Systeme immer von ihren historisch gewachsenen internen Zuständen und von den vorangegangenen Prozessen mitbestimmt.

4.2 Steuerung durch Entscheidung über Entscheidungsprämissen

Für Führungskräfte stellt sich dadurch aber die paradoxe Herausforderung, dass ihnen die Verantwortung für die Gestaltung einer Organisationseinheit zugeschrieben wird, die sie nicht kausal beeinflussen können. Andererseits ist es aber auch nicht so, dass sie keinen Einfluss auf das Schicksal ihrer Organisation hätten.

Es ist nicht beliebig, wie sie als Gestalter agieren. Auch wenn Führung nicht direkt beeinflussen kann, wie ihre Mitarbeiter handeln sollen, so kann sie über die Entscheidungsprämissen ihrer Organisation entscheiden. Dies umfasst die Auswahl der *Personen*, die Mitglieder werden können oder die Organisation verlassen müssen, die Gestaltung der formalen Strukturen (*Kommunikationswege*) und die Festlegung der strategischen Ausrichtung (*Programme*) der jeweiligen Organisationseinheit bzw. des Unternehmens (Luhmann 2000).

Solche Entscheidungsprämissen bilden Festlegungen, die den alltäglichen operativen Entscheidungen einer Organisation einen Orientierungsrahmen geben (ebd., S. 222 f.). Entscheidungsprämissen legen den Spielraum fest, innerhalb dessen frei entschieden werden kann. Dadurch nehmen sie den beteiligten Akteuren zwar Freiraum – eröffnen ihnen aber gleichzeitig einen neuen Gestaltungsraum, nämlich innerhalb der so gesetzten Grenzen autonom zu handeln (Simon 2011, S. 70). Daher ist die Entscheidung über Entscheidungsprämissen ein wichtiger Ansatzpunkt zur Steuerung von Organisationen (ebd., S. 114).

4.3 Strategie als nichtdelegierbare gemeinschaftliche Führungsleistung

In der systemischen Strategieentwicklung ist die Auseinandersetzung mit der Unternehmenszukunft eine zentrale und originäre Führungsaufgabe. Sie kann nicht an Experten, Berater oder interne Stäbe delegiert werden. »Das Topmanagement kann seine Verantwortung für die Entwicklung, Formulierung und Verfechtung eines Zukunftskonzepts nicht verleugnen.« (Hamel u. Prahalad 1997, S. 134) Das Führungsteam eines Unternehmens oder einer Subeinheit, für die eine Strategie entwickelt wird, muss im »driver's seat« sitzen und die Verantwortung für diesen Prozess und dessen Ergebnisse übernehmen. Dies bedingt, dass sich die Schlüsselspieler der Organisation auch persönlich prominent an diesem Diskussionsprozess beteiligen.

Es kann natürlich sinnvoll sein, zusätzlich zum Führungsteam andere Funktionsträger oder Schlüsselspieler zur Gänze oder für einzelne Arbeitsschritte einzubinden. Dadurch lässt sich einerseits das verteilte Wissen der Organisation mobilisieren. Andererseits fördert dies die Involvierung – so es inhaltlich und vom Prozess her sinnvoll ist – und die breitere Akzeptanz der Ergebnisse. Eine so angelegte systemische Strategieentwicklung ist auch kein mit besonderem Aufwand betriebener Sonderprozess, den das Unternehmen aus einem außergewöhnlichen Anlass auf sich nimmt. Vielmehr ist diese Art der Strategieentwicklung integraler Teil des Führungsgeschehens des Unternehmens.

Diese explizite Beschäftigung mit den Zukunftsfragen ist eng mit anderen Steuerungsprozessen des Unternehmens verknüpft. Die Verbindung der strategischen Festlegungen mit operativen Planungsüberlegungen (wie der Finanz- und Budgetplanung oder den Mitarbeitergesprächen) sorgt dafür, dass die getroffenen Schwerpunktsetzungen im Unternehmen aufeinander abgestimmt sind.

Ein kritischer Erfolgsfaktor eines Strategieprozesses ist die Arbeitsfähigkeit des Führungsteams selbst. Die Kommunikations- und Konfliktfähigkeit des Leitungsteams ist für die inhaltliche Qualität einer Strategiediskussion von besonderer Bedeutung: Welcher Grad an Offenheit und Besprechbarkeit ist bei emotional schwierigen Themen vorhanden? Wie konstruktiv werden belastende Konflikte ausgetragen? Wird eine hohe Qualität des gemeinsamen Arbeitens erreicht, kann eine kreative Lernsituation wachsen, die neue unternehmerische Perspektiven und überraschende neue Ideen entstehen lässt. Ist die Qualität der beteiligten Managementteams in der hier angesprochenen Form nicht vorhanden, können die Entwicklungspotenziale dieses Musters der Strategieentwicklung nicht oder nur unzureichend gehoben werden.

4.4 Kommunikationsräume zur Reflexion und Überprüfung der eigenen mentalen Modelle

Der operative Fluss des Unternehmensalltags okkupiert in der Regel die Aufmerksamkeit des Managements im besonderen Ausmaße. Sich diesem Sog zu entziehen geschieht nicht von selbst, sondern erfordert in einem Unternehmen besondere Kommunikationsräume und -settings. Denn die Auseinandersetzung mit der künftigen Identität oder der strategischen Schwerpunktsetzung nimmt nicht nur Zeit zur Verständigung in Anspruch. Sie erfordert auch andere Form des Umgangs damit, als dies üblicherweise unter dem Druck des operativen Tagesgeschäftes möglich ist.

Strategische Diskurse sind nicht geeignet für eine Behandlung »zwischen Zwölf und Mittag«. Das operative Geschehen setzt normalerweise auf Beschleunigung und Antworten unter hohem Zeitdruck. Um zu neuen und tragfähigen Lösungen und Antworten zu kommen, ist im Unterschied dazu eine Verlangsamung der Nachdenk- und Entscheidungsprozesse notwendig. Es müssen Fragen auf den Tisch, zu denen es oft noch keine wohlformulierten und durchdachten Antworten gibt. Scheinbar offensichtliche »Branchenwahrheiten« dürfen hinterfragt und das fehlende Wissen darüber nicht überspielt werden. Denn eine schnelle und selbstberuhigende Lösung kann die Qualität eines Ergebnisses gefährden.

Ein Wesenselement der systemischen Strategieentwicklung ist die Schaffung geeigneter Kommunikationsräume, um die eigenen Grundannahmen zu hinterfragen und den strategischen Entwicklungsbedarf festlegen zu können. Praktisch bedeutet dies, dem Thema Strategieentwicklung eigene Zeiträume und spezielle Arbeitsformate zu widmen. Dadurch wird der Gefahr vorgebeugt, dass diese Fragen im Tagesgeschäft gewissermaßen nebenbei behandelt werden. Die Aufgabe des Prozessverantwortlichen liegt dabei in der kompetenten Gestaltung des Kommunikationsgeschehens. Dadurch sollen Lösungen gefunden werden, mit denen sich die bisher begrenzenden Muster des Systems aufbrechen lassen. Es geht hier um eine subtile Mischung von Themen und Formaten, die sicherstellt, dass das Unkonventionelle ausreichend Platz findet und bereits verfestigte Argumentationsmuster aufgebrochen werden.

In Analogie zum Sport ermöglichen solche »Auszeiten«, das Spielgeschehen vom Rand des imaginären Spielfeldes und aus der inneren Distanz eines Beobachters »von außen« zu analysieren und daraus die notwendigen Schlüsse für das weitere Handeln zu ziehen. Eine solche kritische Beobachtungsposition kann dazu beitragen, die blinden Flecken eines Unternehmens auszuleuchten.

Auch und gerade in einem dynamischen Marktumfeld erfordern strategische Fragen eine andere Bearbeitungslogik als operative Themen. Die Akzeptanz der Investition in Kommunikation ist ein wichtiger Schritt, damit sich ein Unternehmen in Richtung einer systemischen Strategieentwicklung entwickeln kann. Ein Strategieentwicklungsprozess muss damit beginnen, die eigenen mentalen Modelle, also die Grundannahmen, die das Alltagshandeln steuern, explizit zu machen. Denn jedes Management verfügt über ein Set an Grundüberzeugungen: Wie »tickt« die eigene Branche? Was macht ein Unternehmen in unserem Wirtschaftszweig erfolgreich und was nicht? Mit welcher Art von Kunden hat man es zu tun? Welche Technologien haben Perspektive und welche weniger?

Fazit: Systemische Strategieentwicklung ist ein professionell gesteuerter Prozess, der eine Auseinandersetzung über die verschiedenen mentalen Modelle ermöglicht.

Diese Diskussion ist nicht selten ein emotional anspruchsvolles Unterfangen. Das Hinterfragen oder eine Verabschiedung von lieb gewordenen »Wahrheiten« ist oft nicht leicht. Aber letztlich geht es darum, ungewöhnliche Entwicklungen aufzuspüren, schwache Signale zu erkennen und daraus Geschäftschancen zu gewinnen. Ein gelungener Strategieprozess eröffnet den Entscheidungsträgern einen differenzierten Blick auf zentrale Potenziale der Zukunft, aber auch ein realistisches Bild der Bedrohungspotenziale. Weick und Sutcliffe (2003) bezeichnen diese Organisationsqualität eines Führungssystems als »mindfulness«.

4.5 *Strategieentwicklung als rekursiver Managementprozess*

Ein konstituierendes Merkmal der systemischen Strategieentwicklung ist ihre Rekursivität (Abb. 5; Nagel u. Wimmer 2009, S. 72):

> »Erst der systematische Wechsel zwischen gezielten Auszeiten, in denen ein System seine eigene Zukunftsfähigkeit in einem strukturierten Prozess zum Thema macht, und der Konzentration aller Kräfte auf die Bewältigung des operativen Geschäfts schafft die Grundlage dafür, dass die unternehmerische Energie in ihrer schöpferischen Kraft permanent wachgehalten wird und die Impulse daraus gleichzeitig ins Tagesgeschäft einfließen können … Rekursivität meint, dass die im Tagesgeschäft bei der Strategieumsetzung gemachten Erfahrungen und Umweltbeobachtungen beim nächsten Strategiereview als wichtiges Grundlagenmaterial wieder zur Diskussion stehen.«

Ein Grundgedanke der systemischen Strategieentwicklung ist es, dass die Zukunftsentwicklung eines Unternehmens nicht exakt planbar und vorhersehbar ist. Deshalb plädieren wir für periodische Standortbestimmungen, bei denen die strategisch relevanten Beobachtungen gezielt ausgewertet werden. Ziel dieser Reflexionsschleifen ist es, die eigenen strategischen Festlegungen immer wieder einem Realitätstest zu unterziehen. Die hohe Sen-

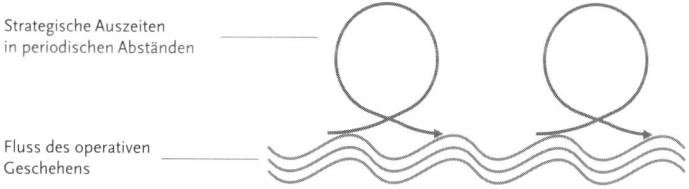

Strategische Auszeiten
in periodischen Abständen

Fluss des operativen
Geschehens

*Abb. 5: Rekursiver strategischer Managementprozess
(Nagel u. Wimmer 2009, S. 75)*

sibilität für die Veränderung der Markt- und Umweltbedingungen und das Loslassen von vergangenen Erfolgsrezepten schaffen eine Sensibilität und Agilität dieses rekursiven Managementprozesses. Dadurch bleibt ein Unternehmen auch in turbulenten Zeiten manövrierfähig.

Der reflexiv angelegte Prozess einer periodischen strategischen Standortbestimmung benötigt sowohl inhaltlich als auch in der Konzeption der einzelnen Arbeitsschritte ein gut durchdachtes Gerüst. (In Kapitel 6 ist eine solche Bearbeitungsarchitektur dargestellt.) Dabei ist es besonders wichtig, dass dieses Gerüst gerade wegen der Redundanzen im Prozess zu keinem formelhaften Zwangskorsett erstarrt. Im Gegenteil, es muss ausreichende Freiräume zum Denken schaffen, scheinbare Gewissheiten zu hinterfragen, einen kreativen Rahmen setzen, der das Aufgreifen sich bietender Chancen systematisch fördert.

Die Gefahr von kommunikativen Ritualen ist in der Strategiearbeit – gerade in Unternehmen mit langjähriger Strategieerfahrung – nicht von der Hand zu weisen. Daher können eine neue Konstellation der Teilnehmer und kräftige methodische Impulse dazu beitragen, dass Neues entstehen kann. Gelingt es nicht, die nötigen Bearbeitungsgefäße und geschützten Kommunikationsräume zu schaffen, ist es unwahrscheinlich, die sogenannte »strategische Flughöhe« zu erreichen, in der auch die Grundsatzfragen der Zukunft und entsprechende Alternativen bearbeitet werden können.

Das Konzept der rekursiven Auszeiten im Rahmen eines strategischen Managementprozesses sorgt so dafür, dass ein Unternehmen auch dann auf Kurs bleibt, wenn überraschende Ereignisse und unvorhergesehene Umweltentwicklungen den Handlungsraum eines Unternehmens gründlich verändert haben. Der ursprüngliche Kurs bleibt auf diese Art und Weise beobachtbar und weiterentwicklungsfähig.

Ein Unternehmen kann sich dann durch eine Zukunftsvision bzw. ein Zukunftsbild leiten lassen, wenn klar ist, dass diese Festlegungen nicht in Stein gemeißelt sind, sondern bei radikalen Veränderungen auch wieder begründet korrigiert werden können. Wer es schafft, identitätsstiftenden Grundausrichtungen geduldig und konsequent zu folgen, und auf diesem Weg lernfähig bleibt, hat dauerhafte Überlebenschancen. Dieser Modus schafft in gewisser Weise organisationsinterne Routinen für das »Verändern des Verändern«. Hier orientiert sich die Strategieentwicklung am Grundverständnis einer kybernetischen Steuerung (Kap. 3.2). Es geht in einem strategischen Prozess darum, sich selbst gegenüber so beobachtungsfähig zu bleiben, dass beunruhigende Abweichungen rechtzeitig erkannt werden und durch gezielte eigene Handlungen kontrollierbar bleiben (Baecker 1999, S. 14 f.).

4.6 Reframing von betriebswirtschaftlichen Tools und Modellen

Um die erwähnten Glaubenssätze einer Organisation zu irritieren, hilft es, das Unternehmen oder die Organisationseinheit aus unterschiedlichen Perspektiven zu beleuchten. Dadurch steigt die Wahrscheinlichkeit, die eigenen Wahrnehmungsverzerrungen und -vorlieben zu relativieren und miteinander Schritt für Schritt zu einer angemessenen Sicht der eigenen Realität zu kommen.

Eine besonders wirksame Form, um zu einer differenzierten Problemsicht zu gelangen, ist das Arbeiten mit Unterschieden. Die Strategieforschung hat eine große Zahl an Modellen und Instrumenten generiert, die die Analyse eines Unternehmens aus unterschiedlichen Perspektiven unterstützen. (Einige dieser Modelle und deren konzeptionelle Hintergründe sind in Kapitel 2 vorgestellt worden.) Eine gekonnte Kombination der verschiedenen Modelle und Herangehensweisen gewährleistet, dass die Unternehmenssituation aus den jeweils relevanten Perspektiven betrachtet und dadurch eine differenzierte neue Sicht gewonnen wird.

So lässt sich etwa die *Leitdifferenz »Innen und Außen«* mit bewährten Konzepten aus der Strategieliteratur bearbeiten: Die bekannte Stärken-Schwächen-Analyse, das Kernkompetenzkonzept, Modelle zur Analyse der Wertschöpfungskette oder auch Elemente der Portfoliomethode sind bewährte Beobachtungsinstrumente, um die Innenperspektive eines Unternehmens und seiner Prozesse zu verstehen und neue Sichtweisen zu gewinnen. Die gekonnte Anwendung marktorientierter Konzepte – etwa des Porter-Modells, der Anspruchsgruppenbetrachtung, der Konkurrenzanalyse oder verschiedener Instrumente zur Auseinandersetzung mit den Kundenbedürfnissen – ermöglicht eine differenzierte Auseinandersetzung mit der relevanten Umwelt eines Unternehmens (ausführlich: Nagel 2009). In der Praxis sind die beiden Perspektiven des »Market-based View« und des »Resource-based View« unverzichtbar und schaffen gemeinsam eine gute Grundlage für realistische strategische Perspektiven. Denn beide Analyseperspektiven sind unverzichtbar und schaffen eine gute Grundlage für realistische strategische Perspektiven.

Die *Leitdifferenz »Gestern und Morgen«* bietet andere neue Unterscheidungsperspektiven an: Während traditionelle Analysetools den Blick für die Erfahrungen der Vergangenheit schärfen, helfen Konzepte wie der Branchenvorausblick von Hamel und Prahalad oder die Szenariomethode, zukunftsgerichtete Perspektiven über das beobachtete Unternehmen zu gewinnen. Die Zukunft ist und bleibt zwar ungewiss. Dennoch helfen Landkarten und Hypothesen für eine Auseinandersetzung mit möglichen Entwicklungstrends und Zukunftsentwicklungen. Dadurch werden die Beobachtungskompetenzen im Unternehmen geschärft.

Der Ansatz der systemischen Strategieentwicklung unterscheidet sich von einer betriebswirtschaftlichen expertenorientierten Herangehensweise darin, dass einzelne Modelle der »Strategieindustrie« (Nicolai 2000) nicht als dogmatische Wahrheiten und Rezepte betrachtet werden. Vielmehr betrachten wir ein Modell oder ein *Tool als eine nützliche Quelle der Wirklichkeitskonstruktion*. Nach unser Meinung helfen Strategietools, die multiperspektivische Selbstbeobachtung eines Systems anhand der beschriebenen Leitdifferenzen (Innen – Außen, Gestern – Morgen) zu beobachten. Allerdings plädieren wir für deren virtuosen Einsatz statt für ein striktes Festhalten an nur einem Tool bzw. einer starren Instrumentenabfolge.

Wir verwenden solche Konzepte vielmehr als Quellen, die die Vorstellungskraft für neue Perspektiven stimulieren helfen, und als Impulse, wie die künftige Identität auch anders gedacht werden könnte, nicht als trivialisierende »Erfolgsrezepte«. Tools und Modelle unterstützen das »Denken in Unterschieden«, die in einem Oszillieren zwischen Selbst- und Fremdreferenz eine eigene neue Realitätssicht fördern.

4.7 Unternehmen von der Zukunft her führen

Noch vor wenigen Jahren wurde in der Strategieentwicklung viel Mühe und großer Aufwand auf die Analyse der Vergangenheit verwendet. Mit einer gewissen Berechtigung konnte man davon ausgehen, dass sich aus den Erfolgen der Vergangenheit wichtige Hinweise für die Zukunftssicherung des Unternehmens ableiten lassen. Ein Grundmuster, das zwar auch noch heute in der Unternehmenspraxis weit verbreitet ist, sich in der Zwischenzeit aber zu einem nicht unerheblichen Risiko gewandelt hat.

Die Erfolge von gestern sollten heute kein Unternehmen beruhigen. Im Gegenteil: Gerade hier liegt ein nicht hoch genug zu bewertendes Risiko. Denn die Erfolge von gestern führen nicht selten dazu, dass kritische Entwicklungen im Umfeld und im Unternehmen selbst nicht rechtzeitig erkannt werden.

Die Vergangenheit lässt sich nicht mehr beeinflussen. Zukunft hingegen ist gestaltbar. Das Unternehmen orientiert sich in einem Strategieprozess an künftigen Möglichkeiten, die so attraktiv erscheinen, dass es sich lohnt, sie mit besonderer Anstrengung anzusteuern (Nagel u. Wimmer 2009, S. 99):

> »Organisationen gehören zum Typus sozialer Systeme, dem die Möglichkeit zur Verfügung steht, sich durch den Entscheidungsmechanismus aus den Festlegungen durch die eigene Vergangenheit ein Stück weit zu befreien und sich in seinen gegenwärtigen Handlungen an einer selbst geschaffenen künftigen Identität auszurichten.«

Im Strategieprozess nimmt diese Umkehr des Zeitverhältnisses einen zentralen Raum ein. Mit der Festlegung eines anzustrebenden Zukunftsbildes von sich als Unternehmen wird der Weg dorthin erst beobachtbar. Strategieentwicklung ist daher jener Prozess, mit dem diese Umkehr systematisch vorgenommen wird. Ein Unternehmen wird erst durch die Festlegung auf eine selbst gewählte und Energien mobilisierende künftige Identität führbar, da nur dadurch der Weg in die Zukunft deutlich wird. Erst wenn klar geworden ist, auf welches Ziel hin man sich insgesamt entwickeln will, kann man die einzelnen kurz- und mittelfristigen Schritte in diese Richtung genauer beschreiben. Die Auseinandersetzungen über die Prioritäten und die zeitliche Abfolge einzelner Maßnahmen erhalten durch das gemeinsam getragene und erstrebenswerte Zukunftsbild erst jenen Rahmen, in dem die damit verbundenen unvermeidlichen Ressourcenkonflikte letztlich entschieden werden können. Allerdings ist eine solche in die Zukunft weisende Identität nicht risikolos, denn auch der beste Strategieentwicklungsprozess schützt nicht davor, dass morgen alles ganz anders kommt, als man angenommen hat.

Zusammenfassend verstehen wir Strategie nicht als eine rationale Ableitung der künftigen Entwicklungen aus der Vergangenheit bzw. »objektiver« Zusammenhänge. Strategieentwicklung basiert nicht auf der Annahme der Prognostizierbarkeit der Zukunft und versteht sich nicht als »Plandeterminismus«.

Strategie im systemischen Sinne versteht sich als begründete Eigenkonstruktion des jeweiligen Systems. Denn die Zukunft ist und bleibt ungewiss.

Im Zuge des Strategieprozesses wird in einem oszillierenden Prozess ein Zukunftsbild für das jeweilige Systems erschaffen. Dieses Zukunftsbild basiert auf einer Eigenkonstruktion der miteinander geteilten Annahmen der Schlüsselspieler (»common ground«), die eine empirische Plausibilität haben müssen, aber natürlich auch falsifiziert werden können.

Aus diesem Grundgedanken folgt, dass sich ein Unternehmen nicht mehr primär an seinen Erfolgen und Misserfolgen der Vergangenheit orientiert. Stattdessen richtet sich das Unternehmen an einem künftigen attraktiven und selbst geschaffenen Identitätsentwurf aus. Der Strategieentwicklungsprozess ist dabei das zentrale Gefäß für die mentale Umorientierung.

Integration der unternehmerischen Intuition
Ein von der Strategieforschung weniger beachtetes Element ist unseres Erachtens eine der wichtigsten Quellen für viele strategisch »großen Zukunftswürfe«: die *schöpferische Kraft des Unternehmers*, dank der neue strategische Wege oft jenseits jeder ökonomischen Rationalität beschritten und nicht selten die Spielregeln einer Branche neu definiert werden.

Joseph Schumpeter (1912) stellte die Person des Unternehmers in den Mittelpunkt seiner Überlegungen. Für ihn lag der Schlüssel der Innovation in der Zerstörung des Alten. Sein Entrepreneur passt sich nicht passiv den noch so rational erscheinenden Marktentwicklungen an, sondern er gestaltet aktiv Neues. Motiv des Unternehmers ist nicht das Streben nach Gewinn oder die Befriedigung von Bedürfnissen, sondern die Freude am Gestalten, die sich im »schöpferischen Tun des Künstlers« wiederfindet. In der neueren Managementliteratur hat Peter Drucker (2002) diese Gedanken aufgegriffen und den unternehmerischen Akt, das Eingehen wirtschaftlicher Risiken, in den Mittelpunkt gerückt.

In der systemischen Spielart der Strategieentwicklung kommt der schöpferischen Intuition ein besonderer Stellenwert zu. Die

Schaffung des Rahmens für das Unternehmerische ist in einem Strategieprozess mindestens so gewichtig wie die rational-expertenorientierte Analyse der Sachlage. Ein Rahmen, der im gemeinschaftlichen Diskussionsprozess die unternehmerische Einschätzung und die damit verbundene Risikoübernahme Einzelner ermöglicht.

4.8 Systemkompetenz (»organizational capability«) als angestrebtes Ergebnis

Durch diese Art der Strategieentwicklung werden nicht nur auf der inhaltlichen Ebene Entscheidungsprämissen produziert. Der Prozess schafft auch einen Container, in dem die ungelösten Konflikte der Organisation bearbeitet werden können. So kommen nicht selten verdeckte Machtthemen, Statusfragen, Kommunikationsmuster etc. »auf den Tisch« und können zusätzlich zu den inhaltlichen Themen bearbeitet werden. Ein »guter Strategieprozess« zeichnet sich dadurch aus, dass auch die latenten Themen der jeweiligen Organisation sichtbar und bearbeitbar werden. So wird die Entscheidungs- und Problemlösungsfähigkeit über die Hierarchieebenen hinweg durch einen qualitativen Strategieprozess weiterentwickelt bzw. in Einzelfällen auch »saniert«.

Die gemeinsam erlebten und erarbeiteten Einsichten dieser Auseinandersetzung schweißen das Führungsteam eines Unternehmens zusammen. Als Ergebnis der Auseinandersetzung entsteht eine fundiertere Sichtweise der strategischen Entwicklungsrichtungen, aus denen sich mit nahezu selbstverständlicher Konsequenz Maßnahmenpakete und Entwicklungsprojekte zur Verbesserung der Positionierung des Unternehmens herauskristallisieren.

Neben den unmittelbaren strategischen Festlegungen zielt die systemische Strategieentwicklung darauf ab, das Management mit einer Fähigkeit auszustatten, seine eigene Entwicklung vorausschauend auf die künftigen Herausforderungen auszurichten. In einem solchen Strategieprozess werden nicht nur konkrete Fragestellungen und Entscheidungen bearbeitet, sondern auch die Wahrnehmungs- und Entscheidungsfähigkeit des Systems als Ganzes gesteigert. Diese gestärkten organisationalen Fähigkeiten des (Führungs-)Systems tragen dazu bei, dass das Unternehmen auch in der Zukunft mit hoher Komplexität angemessen umgehen kann.

Mit dieser Systemqualität verfügt das Unternehmen dauerhaft über mehr Möglichkeiten, den Chancen und Bedrohungen einer an sich unkalkulierbaren Umwelt aktiv zu begegnen. Das präventive Potenzial dieser Spielart der Strategieentwicklung verschafft einem Unternehmen ein Zeitbudget für die gezielte eigene Weiterentwicklung, was zu einem bedeutenden Wettbewerbsvorteil werden kann (vgl. Schreyögg u. Kliesch-Eberl 2008; Zollo u. Winter 2002).

5 Praxis der Strategie

Wir gehen bei unseren Überlegungen davon aus, dass es in der Frage der Zukunftsorientierung von Organisationen nicht den »one best way« gibt. Jedes Unternehmen hat im Zuge seiner Geschichte seine eigene Art und Weise entwickelt, sich mit Zukunftsfragen auseinanderzusetzen. Um die Vielfalt der beobachtbaren Spielarten einordnen zu können, haben wir uns vier Grundtypen zurechtgelegt, die jeweils auf ganz bestimmten Merkmalskonstellationen in der Organisation und in deren Führungsstrukturen beruhen (Abb. 6):[4]

- Wir unterscheiden dabei einerseits *implizite und explizite Formen der Strategieentwicklung.* Gemeint ist damit das in einer Organisation anzutreffende Ausmaß, in dem sie selbst bestimmte Aktivitäten explizit unter dem Titel Strategieentwicklung ausweist oder dies nicht tut und in dem Fragen der Zukunftsbewältigung eher auf eine implizite Weise beantwortet werden.
- Zum anderen beobachten wir entlang der Unterscheidung, an welchem Ort bzw. durch wen diese grundlegenden Existenzfragen einer Organisation entschieden werden. Dies geschieht durch Funktionsträger, die sich selbst gleichsam *außerhalb der Organisation* wähnen – wie der Unternehmer, der in Zwiesprache mit sich selbst zu bestimmten Entscheidungen kommt, die er dann mithilfe seines Unternehmens umzusetzen versucht. Oder Strategieentwicklung wird – wie schon ausgeführt – als ein *integrierter Teil des Organisationsgeschehens* verstanden, in einem Managementprozesses, der als Systemleistung diese Grundorientierung für das operative Geschehen hervorbringt.

---

4 Diese empirischen Spielarten der Strategieentwicklung sind in Wimmer u. Nagel (2000) sowie in Nagel u. Wimmer (2003, S. 141 f.; 2009, S. 23 f.) beschrieben worden.

Setzt man diese beiden Grundunterscheidungen miteinander in Beziehung, so lassen sich die vier im Folgenden kurz beschriebenen Muster der Strategiepraxis entdecken, die ihre je spezifischen Vor- und Nachteile für die Überlebenssicherung aufweisen. Da diese Grundmuster der Zukunftsbewältigung jeweils mit ganz bestimmten Führungsstrukturen und Organisationsverhältnissen korrespondieren, kann es durchaus sein, dass Unternehmen im Lauf ihrer Geschichte einen oder auch mehrere Musterwechsel vornehmen, die aber stets mit tief greifenden Veränderungsprozessen des Gesamtsystems verbunden sind. Insofern berühren die eingespielten Muster des Umgangs mit den künftigen Existenzfragen immer die Kernbereiche der historisch gewachsenen Identität einer Organisation. Entsprechend schwer lassen sie sich auch verändern.

Wie und durch wen findet Strategieentwicklung statt?	implizit	explizit
außerhalb der Organisation als Vorgabe für den Managementprozess	intuitive Entscheidungen	expertenorientierte Ansätze
als Leistung innerhalb des Systems, insbesondere innerhalb des Managements	inkrementale oder evolutionäre Strategien	gemeinschaftliche Führungsleistung

Abb. 6: Muster der Strategieentwicklung (verändert nach Wimmer u. Nagel 2000)

5.1 Intuitive Strategiefindung

Das Muster der intuitiven Strategiefindung ist durch Entscheidungen einer bzw. weniger Schlüsselpersonen gleichsam »aus dem Bauch heraus« geprägt. Aus der intimen Kenntnis der Eigenlogik des jeweiligen Geschäfts sowie aus einem engen Kontakt zu den Kunden und zum Marktgeschehen entsteht ein »unternehmerisches Gespür«, ein implizites Wissen, aus dem heraus nicht selten weitreichende Weichenstellungen für das Unternehmen vorgenommen werden. Nichtbeteiligte staunen oft über die Treffsicherheit und den Weitblick, der solchen Entscheidungen zugrunde liegt.

In dieser Spielart findet kein expliziter strategischer Dialog im Unternehmen statt. Die Unternehmensspitze hat die Verantwortung für die Zukunft geradezu monopolisiert. Das Mittelmanagement agiert dabei in erster Linie als Vermittler der strategischen Entscheidungen der Spitzenmanager, die oft auch eine Eigentümerfunktion innehaben. Pionierunternehmen und Familienbetriebe sind Organisationstypen, in denen die Spielart der intuitiven Strategiefindung häufig zu beobachten ist.

Grenzen der intuitiven Strategieentwicklung
Der zentrale Risikofaktor bei diesem Entscheidungsmuster liegt in der Lernfähigkeit der Unternehmensspitze selbst. Jahrelange Erfolge führen oft zu gering ausgeprägter Selbstreflexion. Es entsteht eine Art Schutzmechanismus, mit dessen Hilfe sich viele derartige Persönlichkeiten gegen eine Irritation ihres Bildes der eigenen Größe systematisch immunisieren. Dadurch werden erste Anzeichen von Misserfolgen nicht selten tabuisiert, denn je länger die Erfolgsgeschichte andauert, desto schwieriger ist es, die Erfolgsmuster der Vergangenheit kritisch zu hinterfragen. Veränderte Marktbedingungen werden zu lange ignoriert und dadurch für das Unternehmen oft viel zu spät handlungsrelevant.

Ein weiteres Risiko dieses Entscheidungsmusters liegt darin, dass viele dieser dominanten Entscheidungsträger ihre strategischen Überlegungen mit niemandem im Unternehmen teilen. Überlebensfragen werden nicht oder allenfalls außerhalb des Unternehmens im kleinen Kreis besprochen. So wird der Pionier zum Hindernis für ein im Zuge des Wachstums unerlässliches Mitlernen anderer Entscheidungsträger im Unternehmen. Über die Jahre entsteht auf diese Weise ein gefährliches Führungsvakuum, mit dessen Hilfe der Pionier Gefahr läuft, das erfolgreich Aufgebaute selbst wieder zu zerstören.

Ist erst einmal die Vorstellung des Unternehmens als Verlängerung der eigenen Größenvorstellungen nachhaltig etabliert, schließt dies häufig die Tabuisierung der Endlichkeit des Pioniers mit ein. Mit dieser Ausblendung ist nicht selten eine rechtzeitige Vorsorge für eine tragfähige Nachfolgeregelung verbunden. Bei Ausfall oder Wechsel des Entscheidungsträgers – etwa durch Versetzung, Pensionierung, Krankheit oder Tod – wird die langjährige Monopolisierung der unternehmerischen Entscheidungsfunktion zu einem schlagenden Risiko. Das Unternehmen kann auf keine weiteren Führungsressourcen zurückgreifen und läuft Gefahr, in eine existenzielle Krise zu schlittern.

Ein verantwortungsbewusster Unternehmer schützt sich rechtzeitig vor sich selbst, indem er periodisch Strategiediskussionen mit seinen leitenden Mitarbeitern inszeniert – ein Vorhaben, das viel Geduld erfordert, denn der engere Kreis um den Pionier hat sich meist über Jahre daran gewöhnt, dass strategische Fragen »Chefsache« sind. Selbst leitende Angestellte im Umfeld des Unternehmers nehmen eine fachlich-operative Umsetzungsperspektive ein. Nicht selten wird das unternehmerisch ungeübte mittlere Management versuchen, alle unternehmerischen »Zumutungen« an die Spitze rückzudelegieren. Ein falsch verstandenes Sicherheitsbedürfnis und Angst vor der Verantwortung spielen dabei eine ebenso große Rolle wie die Mühen einer neuen, bislang ungewohnten Aufgabe.

Gelingt dieser Lernprozess, verwandelt sich die intuitive Entscheidungsfindung an der Spitze Schritt für Schritt zur vierten Spielart, der gemeinschaftlichen Strategieentwicklung im Managementteam, auf die wir in Kapitel 5.4 näher eingehen werden.

5.2 Expertenorientierte Strategieansätze

Expertenorientierte Strategieansätze sind durch eine Delegation wesentlicher Aspekte des strategischen Analyseprozesses an interne Stäbe und/oder externe Berater geprägt. Ergebnis dieser Prozesse ist meist ein ausgefeiltes »Papier«, das dem Topmanagement als Entscheidungsvorlage für genau ausgearbeitete Optionen dient. Dieses Grundmuster unternehmerischer Zukunftsbewältigung stützt sich auf zwei Basisannahmen:

- Geht man nur »richtig« vor, dann sind das erforderliche Wissen und die notwendigen Informationen für Strategieentscheidungen mobilisierbar.
- Zudem folgt das Markt- und Wettbewerbsgeschehen identifizierbaren Gesetzmäßigkeiten, die künftige Entwicklungen prognostizierbar machen.

Beide Grundannahmen suggerieren Sicherheiten und blenden ein Grundproblem aus, das Unternehmen im Umgang mit Zukunft zu lösen haben: die Bewältigung unvermeidbarer Unsicherheit.

Grenzen der expertenorientierten Strategieentwicklung
Dieser Zugang unterstützt nicht selten die unternehmensintern vorhandene Neigung der Linienverantwortlichen, sich auf die Erfordernisse des Tagesgeschäfts zu konzentrieren und auf eine intensive Auseinandersetzung mit der eigenen Zukunft zu verzichten. Mit anderen Worten: Eine Kernaufgabe von Führung – die Beschäftigung mit den Chancen und Bedrohungen einer ungewissen Zukunft und der eigenen Überlebensfähigkeit (Wimmer 1994) – wird an Experten delegiert. Dazu kommt, dass inhaltlich noch so überzeugende Strategiepapiere durch die Entkoppelung von Konzeption und Umsetzung oft in »der Schublade« enden.

Die expertenorientierte Herangehensweise bevorzugt den Blick in die Vergangenheit und weniger die Betrachtung der Möglichkeiten der Zukunft. Diese Neigung kann fatal enden. Sie führt dazu, »an Ort und Stelle zu bleiben« statt »zu neuen Ufern aufzubrechen«. »Die Botschaft dieser expertenorientierten Herangehensweise lautet nicht ›Geht hinaus und lernt‹, sondern ›Bleibt zu Hause und rechnet‹« (Mintzberg 1999, S. 138). Doch auch der Militärstratege Clausewitz warnte, dass »unendlich viele nebensächliche Umstände« zu »unerwarteten Vorfällen führen, die man unmöglich in die Kalkulation einbeziehen kann« (Clausewitz 1994, S. 164). Also eine Empfehlung, auf mögliche Musterbrüche zu achten. »Chancen für innovative Strategien ergeben sich nicht aus sterilen Analysen und Zahlenspielereien, sondern beruhen auf neuen Erfahrungen, die Chancen für neue Erkenntnisse schaffen«, meinen Hamel und Prahalad (1997, S. 32) in ihrem Erfolgsbuch »Wettlauf um die Zukunft«. Denn nicht wenige besonders spektakuläre Erfolge in Unternehmen sind dadurch erreicht worden, dass sich der spätere Sieger nicht an die gängige Lehre hielt, sondern bestehende Muster durchbrach und neue Regeln auf dem Markt durchsetzte.

Um rationale Entscheidungen zu treffen, ist dieser Strategieansatz auf alle relevanten Informationen über das Unternehmen und die Entwicklungen im Umfeld angewiesen. Was in der Theorie einleuchtend klingt, ist in der Praxis jedoch illusorisch. Bestimmte Verhaltensmuster, etwa von Konkurrenten, mögen zwar aus eigener Sicht vorhersehbar sein, relevante Diskontinuitäten wie zum Beispiel technologische Durchbrüche sind dagegen nie sicher abzusehen (vgl. Christensen 2013). Die expertenorientierte strategische Zukunftsbewältigung beruht daher – wie schon erwähnt – auf zwei problematischen Basisannahmen: Die eine hält das für die strategische Neuausrichtung erforderliche Wissen für vollständig mobilisierbar. Die andere unterstellt berechenbare Grundregeln der Marktdynamik, aus denen sich verlässliche Erfolgsstrategien ableiten lassen. Beide Annahmen lassen sich heute weder theoretisch noch empirisch aufrechterhalten.

Wie mehrfach untersucht worden ist, bestimmen die Unternehmensspitze und ihr Stab die Strategie in der Praxis keinesfalls allein. Die Fixierung auf die Spitze führt darüber hinaus dazu, Einfluss und sachlichen Beitrag der Subsysteme in Unternehmen zu unterschätzen. Denn in der Praxis geht es im Entstehungsprozess von Strategien um ein Zusammenwirken mehrerer Teilsysteme eines Unternehmens, wobei mehrere Einflusszentren ineinandergreifen. Holt man ihre Interessen und Einstellungen auf die Bühne, erhalten sie Platz für entsprechende Auseinandersetzungen. Werden diese Konfrontationen dagegen nicht explizit inszeniert, machen die Einflusszentren ihre Macht trotzdem geltend, allerdings abseits des offiziellen Diskussionsdiskurses.

Genau diese weitverbreiteten Erfahrungen haben mit dazu beigetragen, dass das strategische Management am Beginn der 1990er-Jahre insgesamt mehr und mehr in eine schwere Krise geraten und in seiner praktischen Bedeutung von wechselnden Moden des Change-Managements verdrängt worden ist (vgl. Mintzberg 1994).

5.3 Evolutionäre Strategien

Im Unterschied zu den beiden vorherigen Spielarten werden bei diesem Muster strategische Festlegungen *nicht* von der Unternehmensspitze getroffen. Sie entstehen mehr oder weniger zufällig in einem freien Spiel der Kräfte auf verschiedensten Ebenen einer Organisation. Autonome Subsysteme greifen ohne explizite strategische Fokussierung zufällig sich ergebende Marktchancen auf. Das Topmanagement unterstützt allenfalls die Impulse einzelner Unternehmenseinheiten und bündelt die sich evolutionär durchsetzenden Erfolgsmuster der Teilsysteme. Nicht selten werden diese zufällig sich ergebenden Erfolgsmuster im Nachhinein als eine gewollte Strategie interpretiert und umgedeutet.

Die wissenschaftlichen Verfechter dieser in der Praxis recht häufigen Spielart (vgl. Mintzberg 1999; Schreyögg 1999) vertrauen auf die immanente evolutionäre Adaptionsfähigkeit des sozialen Systems Unternehmen. Wenn man den marktnahen Einheiten die unternehmerische Möglichkeit lässt, die sich oft unvermutet bietenden Chancen eigenverantwortlich aufzugreifen, bietet dieses Mitschwingen mit den ohnehin nicht vorhersehbaren Marktentwicklungen die beste Gewähr für eine überlebensfähige Zukunftssicherung. Als konsequente und radikale Folge dieser Grundannahmen wäre eine explizite strategische Auseinandersetzung, wie wir sie in der Tradition expertenorientierter Ansätze kennen, weder sinnvoll noch erforderlich.

Grenzen des evolutionären Strategiemusters

Auch diese evolutionäre Spielart ist nicht ohne Risiko. In Abgrenzung zum intuitiven und zum expertenorientierten Strategietypus lassen sich bei diesem Entscheidungsmuster folgende Problembereiche identifizieren:

Die Gefahr des *evolutionären Inkrementalismus*, des ständigen Knabberns anstelle eines entschlossenen Zubeißens, liegt darin, dass die klare Gesamtlinie zugunsten einer Vielzahl dezentraler taktischer Manöver verloren zu gehen droht oder eine solche Linie erst gar nicht entsteht. Eine Reihe in sich stimmiger Schritte kann die Logik des Ganzen ad absurdum führen. So kann eine konzeptlose Mixtur an Technologien und Produkten entstehen. Im Extremfall ist das Ganze dann weniger als die Summe seiner Teile.

In bestimmten Situationen, in denen das Überleben der Organisation auf dem Spiel steht, ist das Vertrauen auf die Kraft der geduldigen Evolution nicht unbedingt empfehlenswert. Existenzielle Krisen erfordern ein handlungsfähiges Management, das bezüglich der erforderlichen Kurskorrekturen klare Vorstellungen hat und die Möglichkeiten, diese auch durchzusetzen.

Eine Überbetonung der evolutionären Impulse in den verschiedenen Teilbereichen kann dazu führen, dass eine an sich stimmige Strategie Schritt für Schritt unterminiert wird. Manchmal driftet das Unternehmen unmerklich von seiner ursprünglichen Erfolgsstrategie ab, am Ende zum Schaden aller Teilbereiche des Unternehmens. Das Unternehmen lässt sich schrittweise in eine ungünstige Position locken. Kleine Entscheidungen führen manchmal zu großen und unerwünschten Gesamtentwicklungen.

An diesem Punkt drängt sich Peter Senges (1996) berühmte *Metapher vom gekochten Frosch* auf: Gibt man einen Frosch in einen Topf mit heißem Wasser, so wird er versuchen, herauszuspringen. Setzt man ihn hingegen in kaltes Wasser, das nach und nach zum Kochen gebracht wird, bleibt er im Topf und wird gekocht. Er erkennt die tödliche Gefahr erst, wenn es schon zu spät ist.

Für strategisches Lernen ist es vielfach notwendig, sich zunächst von der vorherrschenden alten Logik zu verabschieden. Die Kultur und insbesondere die Unternehmensideologie unterstützen in der Regel weniger strategische Veränderungen, sondern bewirken eher die Aufrechterhaltung des Status quo. Das historisch bekannte Strategiebeispiel machte es für IBM erforderlich, zuerst die vorherrschende Großrechnerlogik zu überwinden. Da die Grundideologie von IBM lange Zeit durch Großrechner geprägt war, musste die Neuausrichtung des Unternehmens auf eine radikal veränderte Computerwelt gegen starken internen kulturellen »Gegenwind« vorgenommen werden.

Auch wenn die »lernende Organisation« in manchen Unternehmen ein Leitmodell bildet, ist sie kein Selbstzweck. Zwar müssen Menschen und Organisationen lernen, um für die neuen Herausforderungen gerüstet zu sein. Sie müssen aber auch ihre operative Alltagsarbeit effizient bewältigen. Daher kann es nicht darum gehen, alle sich zufällig bietenden Veränderungschancen aufzugreifen, sondern darum zu erkennen, was wann geändert werden sollte. Ansonsten lauert die Gefahr, sich zu verzetteln. Schließlich ist Lernen teuer. Es dauert seine Zeit, erfordert einen hohen Kommunikationsaufwand und ist nicht immer effizient steuerbar. Eine reife »lernende Organisation« macht sich daher auch Gedanken darüber, wann und wo Lernen unnötig und das Festhalten an bewährten Routinen zielführender ist (Wimmer 2000).

5.4 Strategie als systemisches Prozessmuster

Diese vierte Spielart der Zukunftsbewältigung ist jüngeren Datums und spiegelt die einschneidenden Veränderungen der letzten Jahre und Jahrzehnte. Beispielhaft für diese Entwicklungen seien genannt: die neu konzipierte Arbeitsteilung zwischen den Hierarchieebenen; immer neue radikale Transformationen; die innerbetrieblichen Herausforderungen, die sich aus dem Zusammenwachsen der Welt zu einer globalisierten Wirtschaft ergeben; die ungeheure Dynamisierung des Finanzsektors, der viele Unternehmen zur handelbaren Ware gemacht hat; der unmittelbare Einfluss der Kapitalmärkte auf die Wertentwicklung börsennotierter Unternehmen, die dadurch in ein wesentlich sensibleres Abhängigkeitsverhältnis zu den letztlich nicht kalkulierbaren Schwingungen dieser Märkte geraten sind; die immensen Innovationsschübe in den Informations- und Kommunikationstechnologien, die ganz neue Märkte entstehen ließen. Insgesamt ist die Welt für Unternehmen noch um einiges schnelllebiger geworden, ausgestattet mit plötzlichen Brüchen bislang scheinbar stabiler Marktkonstellationen, geprägt von einer Wettbewerbsdynamik, die ständig für Überraschungen sorgt, denen Unternehmen nur schwer begegnen können.

Vor diesem Hintergrund ist zu verstehen, dass sich in Unternehmen neue Formen der Strategieentwicklung herauskristallisieren, die auf diese veränderten Gegebenheiten im Unternehmen wie in den relevanten Umwelten zu antworten versuchen. Wir nennen diese neuen Unsicherheitsbewältigungsformen »systemische Strategieentwicklung«. Systemisch deshalb, weil damit eine gezielt zu entwickelnde Fähigkeit des Unternehmens als System (eine »organizational capability«) gemeint ist. Dieses Prozessmuster wurde in Kapitel 4.8 ausführlich beschrieben.

Das folgende Kapitel 6 illustriert die konkrete Praxis eines Strategieprozesses in diesem gemeinschaftlichen Führungsmodus.

6 Die Strategieschleife als Bearbeitungsarchitektur

Das Tagesgeschäft der meisten Führungskräfte ist von operativen Aufgaben und Herausforderungen geprägt. Besprechungen mit Mitarbeitern und Kunden, unerwartete Termine, Kriseninterventionen, das Bearbeiten von E-Mails verschlingen die Energie und die Aufmerksamkeit. Für grundsätzliche unternehmerische Fragestellungen, die über den Tag hinausreichen, fehlen daher oft die Zeit und die Freiräume (vgl. Nagel 2009).

Strategieentwicklung in dem in Kapitel 4 skizzierten systemischen Prozessmuster wird von den Entscheidungsträgern zusätzlich zu ihrer operativen Verantwortung betrieben. Das heißt, das Führungsteam (ergänzt um wichtige Schlüsselpersonen aus der Organisation bzw. von außen) muss sich ausreichend Zeitreserven für Klausuren, Projektarbeit etc. schaffen, um diesen gemeinsamen Nachdenk- und Entscheidungsprozess in einem überschaubaren Zeitraum zu bewältigen.

Angesichts der Sogwirkung des operativen Alltagsgeschäfts plädieren wir für eine bewusste strategische Auszeit zur Überprüfung und Nachbesserung der strategischen Positionierung des eigenen Unternehmens. Also für ein gezieltes Nachdenken im Sinne der berühmten Frage von Peter Drucker: »Tun wir die richtigen Dinge?«. Die »Strategieschleife« ist eine konkrete Wegbeschreibung für einen rekursiven Überprüfungsprozess (Kap. 4.5). Sie ist ein »roter Faden« für die einzelnen Arbeitsschritte und ihre logische Abfolge. Diese vorgeschlagene Architektur von in sich schlüssigen Schritten hat neben einer inhaltlichen Logik auch den Zweck, die unvermeidliche Komplexität der Strategiearbeit besser verständlich und dadurch leichter bearbeitbar zu machen. Viele in der Praxis gleichzeitig vorkommenden Prozesse und Fragestellungen werden durch diese Darstellungsform entzerrt. Führungskräfte empfinden dies meist als entlastend, weil sie eine Energie- und Aufmerksamkeitsfokussierung für einzelne Fragestellungen zulässt, ohne den komplexen Such- und Entscheidungsprozess zu stark zu vereinfachen.

In der konkreten Praxis finden die Arbeitsschritte allerdings selten linear und exakt in dieser zeitlichen Abfolge statt. Wie in einer Pendelbewegung werden manchmal logisch später folgende Schritte vorab angedacht. So macht es zum Beispiel häufig große Mühe, unterschiedliche strategische Optionen durchzuspielen, ohne die damit verbundenen persönlichen Karrierechancen und organisatorischen Konsequenzen mit zu bedenken. Andererseits ist es oft in einem schon fortgeschrittenen Prozessstadium erforderlich, frühere Überlegungen im Lichte neuer Erkenntnisse und Einsichten noch einmal vertieft zu durchdenken.

Die Schleifenform symbolisiert das Auftauchen aus dem operativen Fluss des Tagesgeschäfts in eine strategische Perspektive, aus der man bestimmte Zusammenhänge anders beobachten und leichter neue Ansätze entwickeln kann, als in den Zwängen des Alltags. Die Schleifenform verdeutlicht auch, dass man wieder in den operativen Fluss einschwenken muss. Sie ist der Versuch, die eingeschliffenen Tagesroutinen im Sinne der definierten Strategie zu beeinflussen und strategiekonform umzulenken.

Der »rote Faden« dieser Reflexionsschleife umfasst sieben Schritte (Abb. 7):[5]

1) strategische Analyse
2) Alternativen zum Status quo entwickeln
3) Entscheidungen treffen
4) Unternehmensstrategie gestalten
5) Organisationsdesign anpassen
6) strategisches Controlling überprüfen und gestalten
7) Strategie implementieren.

---

5 Die Strategieschleife wurde von uns als »Strategietrichter« erstveröffentlicht (Wimmer u. Nagel 2000). In späteren Publikationen (Nagel u. Wimmer 2009; Nagel 2009; Dietl u. Nagel 2014) haben wir diese Prozessarchitektur zu einer »Schleife« weiterentwickelt. Eine Schleife scheint uns den Grundgedanken eines rekursiven Prozesses besser abzubilden, als dies ein »Trichter« vermag.

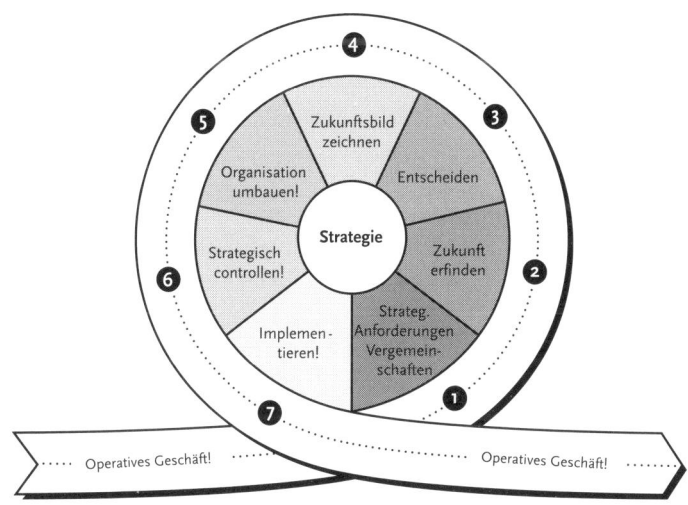

Abb. 7: Strategieschleife
(adaptiert nach Nagel u. Wimmer 2009, S. 104)

6.1 Schritt 1: Strategische Analyse

Strategiearbeit beginnt mit konsequentem Hinterfragen!
Welche Vorstellungen zu Märkten, Kunden, Technologien und
dem Geschäftsmodell herrschen im Unternehmen und bei den
Führungskräften? Zur Beantwortung dieser Fragen helfen bewährte Werkzeuge des strategischen Managements, wie beispielsweise Umfeld-, Stakeholder- und Wettbewerbsanalyse oder
die Auseinandersetzung mit technologischen Entwicklungen
und nicht zuletzt mit den Bedürfnissen der Kunden. Elemente
und Perspektiven der strategischen Analyse können sein:

- Auseinandersetzung mit relevanten Zukunftstrends
- Überprüfung alternativer Zukunftsszenarien
- Verständnis für die besonderen Herausforderungen der Sta-
  keholder

- Analyse der Veränderungen der Wettbewerbsdynamik und der Branchenspielregeln
- Abgleich der eigenen Produkte und Dienstleistungen mit den aktuellen und künftigen Kundenbedürfnissen
- Portfolioanalysen (Produkt, Technologie, Wettbewerb, Länder etc.)
- Definition der Kernkompetenzen
- Stärken-Schwächen-Analyse, Benchmark-Analyse
- Bündelung der Chancen und Risiken vor dem Hintergrund der Analyseergebnisse
- Benennung der zentralen Herausforderungen, zu denen im Strategieprozess Antworten erarbeitet werden sollen.

Allerdings ist ein qualitatives Reflexionsniveau der wichtigsten Entscheidungsträger, auf dem mehr besprochen werden kann als nur die alltäglichen Themen, eine hoher Anspruch. Der tiefere Sinn der Analysephase besteht darin, das Strategieteam einem Maß an Beunruhigung auszusetzen, sodass neue Impulse und Informationen zugelassen und besprechbar werden. Denn gerade wenn es um die wesentlichen Existenzfragen des Unternehmens geht, kann die Auseinandersetzung emotional belastend sein. Deshalb ist ein Strategieprozess stets in Gefahr, sich selbst zu beruhigen und sich mit erheblichem Aufwand die eigenen eingefahrenen Sichtweisen zu bestätigen. Für eine substanzielle Auseinandersetzung ist es aber unabdingbar, das eigene Geschäft radikal zu hinterfragen. Bildlich gesprochen geht es darum, die kollektive Sehkraft zu stärken, in dem die bisherige Brille abgenommen wird und auf ihre Passung überprüft wird. Gegebenenfalls müssen die Gläser ausgetauscht werden.

Ziel dieser Phase ist es, die wichtigsten Chancen und Risiken zu kennen, mit denen das Unternehmen in der Zukunft konfrontiert sein wird. Ein gemeinsames realistisches Bild der internen Ressourcen und Rahmenbedingungen vervollständigt die Einschätzungen.

6.2 Schritt 2: Alternativen zum Status quo entwickeln

**Neue Zukunftsentwürfe entwickeln –
der wichtigste Schritt in der Strategiearbeit!**

Nur wer seine Grundannahmen kritisch überprüft, erhält den Stoff, mit dem sich in einem kreativen Akt mögliche neue Bilder des Unternehmens entwerfen lassen. Bilder, die sich vom Status quo deutlich unterscheiden können.

Es ist für eine Organisation allerdings – wie schon ausgeführt – nicht leicht, sich von den Erfahrungen und Erfolgsrezepten der Vergangenheit zu lösen und vollkommen neue Optionen zu entwickeln. Die besondere Herausforderung dieses Schritts besteht daher darin, »nicht durch den Rückspiegel in die Zukunft zu schauen« (Hamel u. Prahalad 1997), sondern die Chancen der Zukunft zu adressieren. Die Entwicklung von Optionen ist der eigentliche kreative Akt im Strategieprozess. Da sind unternehmerische Intuition und strategischer Weitblick gefordert.

Jede Zukunftsoption soll plausible Antworten auf folgende Fragen geben:

- In welchen Märkten, für welche Kunden, mit welchem Produkt- und/oder Dienstleistungsportfolio wollen wir tätig sein? Kurz: Was ist unser Kerngeschäft heute und morgen?
- Welches sind die wettbewerbsdifferenzierenden Strategien?
- Auf welchem Geschäftsmodell basiert diese Option?
- Mit welchen Kennzahlen bewerten wir unsere strategischen Ziele?
- Welches sind die wichtigsten Veränderungshebel, um die Ziele dieser strategischen Option zu erreichen (z. B. Implikationen für Kernprozesse der Wertschöpfungskette, Organisation und Funktionsbereiche)?
- Wie müssen wir unsere Kernkompetenzen verändern oder weiterentwickeln, um Chancen konsequent zu nutzen?
- Welche Ressourcen müssen wir dafür bereitstellen?
- Lässt sich die wirtschaftliche Plausibilität der Option mit einem Business Case abbilden?

Bei diesem Prozessschritt müssen Optionen entstehen, die einerseits für sich plausibel sind und sich dennoch deutlich voneinander unterscheiden. Die Entwicklung von Alternativen wird abgeschlossen, in dem die verschiedenen strategischen Optionen zu unterschiedlichen, aber in sich schlüssigen Zukunftsbildern gebündelt werden. Erfolgreich ist diese zweite Phase, wenn es gelingt, verschiedene realistische strategische Optionen auszuarbeiten, die vorher keinem Beteiligten bekannt waren. Dies ist ein anspruchsvolles Ziel, das in der Regel nur dann erreicht wird, wenn die Grundannahmen der Organisation sowohl emotional als auch intellektuell radikal hinterfragt worden sind.

6.3 Schritt 3: Entscheidungen treffen

Den Spannungsbogen zwischen analytischer Vernunft und unternehmerischer Vision halten
Bei diesem Schritt werden die in der zweiten Phase entstandenen Optionen abgewogen und bewertet. Dafür ist es ratsam, die Möglichkeiten im Detail so weit auszugestalten, dass der Investitionsaufwand und die erwarteten Ertragspotenziale abschätzbar sind, um die unternehmerischen Implikationen beurteilen zu können.

Wodurch sich eine gute Option auszeichnet
- Sie bietet eine seriöse Chance, sich zu den Besten in der Branche zu entwickeln.
- Sie macht das angestrebte Wachstum und die Profitabilitätsziele erreichbar.
- Sie passt zu den Erwartungen der Stakeholder.
- Sie berücksichtigt die Chancen und Risiken des Marktumfeldes und der Marktdynamik.
- Sie nutzt die Kernkompetenzen der Organisation.
- Sie macht Veränderung notwendig, die die Organisation (noch) bewältigen kann.
- Sie riskiert nicht das Gesamtunternehmen.
- Sie ist gegenüber Umfeldentwicklungen robust.
- Sie ist für Schlüsselspieler und Mitarbeiter attraktiv.

Wenn es in den vorangegangenen Prozessschritten gelungen ist, das in solchen Diskussion unvermeidbare Konfliktpotenzial konstruktiv zu wenden bzw. zu nutzen, dann kann im Entscheidungsfindungsprozess ein erhebliches Energiepotenzial für die weitere Unternehmensentwicklung entstehen. Voraussetzung für diesen Schubkrafteffekt ist ein schwer beschreibbares Gefühl der Stimmigkeit, das sich bei allen am Entscheidungsprozess Beteiligten einstellt, wenn das gemeinsam entwickelte inhaltliche Ergebnis als für das Unternehmen passend empfunden wird.

6.4 Schritt 4: Unternehmensstrategie gestalten

Den Weg in die Zukunft aufzeigen!
Durch die intensive Diskussion beim vorhergegangenen Schritt über alternativ mögliche Geschäftsmodelle entsteht meist eine solide Basis, auf dem ein Zukunftsbild gezeichnet werden kann. Dieses Zukunftsbild steckt einen Rahmen ab, der wie Leitplanken Orientierung für die künftige Unternehmensentwicklung gibt. Es ist ein Bindeglied zwischen dem Heute und dem Morgen. Es verknüpft die kurzfristigen mit den langfristigen Zeithorizonten. Diese Zukunftspositionierung beschreibt die wesentlichen Merkmale:

- Wie sieht die künftige Identität aus, die uns in der Zukunft leiten soll?
  Vision – »Wer wollen wir sein?«
- Was ist unser Beitrag für die Gesellschaft und die Menschen?
  Mission – »Warum gibt es uns?«
- Welches sind unsere Werte im Miteinander, im Umgang mit Kunden und Mitarbeitern? Welches Führungsverständnis haben wir?
  Leitbild – »Was ist uns wichtig?«
- Welches sind die zentralen geschäftspolitischen Ziele, die sich aus der Festlegung der künftigen Identität ableiten lassen?
- Unsere Grundstrategie: Was ist unser Produkt- und Dienstleistungsportfolio? In welchen Märkten und für welche Ziel-

gruppen agieren wir? Mit welchen Technologien arbeiten wir? Wie unterscheiden wir uns von Wettbewerbern?

Ist das Zukunftsbild gezeichnet, geht es weiter darum, gemeinsam ein Konzept für die Umsetzung zu erarbeiten. An welchen Stellhebeln müssen wir jetzt und in den kommenden Jahren ansetzen, um das Unternehmen insgesamt in die angestrebte Richtung zu entwickeln? Hier entsteht auch ein »Masterplan«, eine Beschreibung des gemeinsamen Weges in die Zukunft. Das Implementierungskonzept zeigt dem Unternehmen, welche Kompetenzen es unter Vorwegnahme der Zukunft bereits heute entwickeln muss, um in der künftigen Wettbewerbsauseinandersetzung erfolgreich bestehen zu können.

6.5 Schritt 5: Organisationsdesign anpassen

Die Organisation bei laufendem Motor umbauen!
Mit dem fünften Schritt beginnt die Umsetzungsphase. Eine neue Strategie soll die Leistungsfähigkeit des Unternehmens verbessern und dessen Potenzial erhöhen. Deshalb müssen auch die Strukturen und Prozesse im Unternehmen überdacht werden. Oft bedingt das Wettbewerbsumfeld, dass die Binnenstruktur und -prozesse des Unternehmens umzubauen sind. Daher ist in dieser Phase zu prüfen, ob die eigenen Organisationsverhältnisse und die etablierten Geschäftsprozesse mit den Entwicklungszielen des Zukunftsbildes noch zusammenpassen.

Leitfragen zum Umbau der Organisation
- Welche besonderen Anforderungen stellt unsere Strategie an die Organisation?
- Haben wir unsere Organisation strategie- und marktgerecht konfiguriert: dominantes Strukturprinzip, Verhältnis zentral/regional, Verankerung der zentralen Unternehmensfunktionen etc.?
- Wie sind unsere wichtigsten Wettbewerber organisiert?
- Welche Elemente unserer Strategie benötigen mehr/weniger/andere Ressourcen?

- Sind unsere Führungsstrukturen arbeitsfähig? Besteht eine funktionsfähige Arbeitsteilung bzw. Kooperation zwischen den Führungsebenen?
- Wie und von wem werden Entscheidungen gefällt (Governance)?
- Wie sind die internen und externen Kommunikationsstrukturen und -prozesse gestaltet?

In Kapitel 7 wird das Organisationsdesign und seine Funktion für die Strategie ausführlicher beschrieben.

6.6 Schritt 6: Strategisches Controlling überprüfen und gestalten

Steuerungssysteme auf die Strategie ausrichten!
Ist das Fundament für die Zukunftsausrichtung und für die notwendigen Veränderungen gelegt, geht es im sechsten Schritt darum, systematisch zu beobachten, ob die strategische Kurskorrektur den »operativen Fluss des Geschehens« tatsächlich in die gewünschte Richtung lenkt. Mit dem Aufbau bzw. der Adaptierung des Steuerungssystems wird es möglich, Abweichungen frühzeitig zu erkennen und gegenzusteuern.

Leitfragen zur Überprüfung der Governance
- Welches Controllingsystem (Ergebnismessgrößen, Zielwerte, Projektmeilensteine, Steuerungsgremien und -taktung etc.) ist am besten geeignet, um die Wirksamkeit der angestrebten Strategien im Blick zu behalten?
- Welche aktuellen Steuerungsinstrumente und Steuerungsgrößen (z. B. Kriterien variabler Vergütung) müssen wir anpassen?
- Wie werden die Strategiereviews mit bestehenden Steuerungssystemen des Unternehmens (operativer Planung, Zielvereinbarungen, Anreizsysteme, Mitarbeitergespräche etc.) konzeptionell und zeitlich aufeinander abgestimmt?
- Geben wir uns ausreichend Zeit und Gelegenheit für Zwischenauswertungen?

- Wie überprüfen wir die gemeinsamen Grundüberzeugungen? Machen wir auch »weiche« Faktoren besprechbar?
- Welche durch die Veränderung ausgelösten Probleme müssen wir künftig besonders im Auge behalten? Wer ist dafür verantwortlich?

Kurz: Es gilt die bestehende Governance zu überprüfen und anzupassen. Wichtig ist, mit den Steuerungsinstrumenten und -strukturen notwendige Veränderungen und entsprechende Impulse zu erkennen und ans operative Geschäft zu geben.

6.7 Schritt 7: Strategie implementieren

Strategie(umsetzung) zum Alltagsgeschäft machen!
Die Implementierung einer Strategie ist nicht schon mittels Verkündung durch die Unternehmensführung gewährleistet. Nur wenn der Umsetzungsprozess mit den organisationsinternen Besonderheiten so aufmerksam geplant und gesteuert wird wie die inhaltlich-strategischen Fragen, kann der Strategieprozess die gewünschte Steuerungswirkung entfalten. Eine sorgfältig geplante und entsprechend vorangetriebene Implementierung ist daher für eine erfolgreiche Strategiearbeit im Unternehmen unabdingbar.

Stellhebel für erfolgreiche Strategieumsetzung
- Aufmerksamkeit des Topmanagement für die laufende Strategieimplementierung sicherstellen
- Informations- und Kommunikationsaktivitäten planen und konsequent umsetzen
- Das gesamte Unternehmens für den strategischen Handlungsbedarf sensibilisieren
- Die Strategie in einem attraktiven Zukunftsbild darstellen
- Relevante Entscheider in die Kommunikation einbinden
- Wege zum Dialog der relevanten Stakeholder schaffen, um eine persönliche Auseinandersetzung mit dem neuen Zielbild zu ermöglichen

- Maßnahmenpakete konsequent bearbeiten
- Begleitende strategieorientierte Qualifizierungsmaßnahmen für die Mitarbeiter durchführen
- Umsetzung und Wirkung der Maßnahmen durch regelmäßiges Monitoring überprüfen.

7 Organisationsdesign als Schlüsselstelle der Strategie

Das Organisationsdesign ist in den letzten Jahren zu einem entscheidenden Stellhebel der Leistungsfähigkeit moderner Unternehmen geworden. Externe Entwicklungen wie die spezifische Marktdynamik, technologische oder gesellschaftliche Veränderungen oder verstärkte unternehmensübergreifende Zusammenarbeit erfordern periodisch eine Anpassung der Organisationsform eines Unternehmens.

Aber auch interne Herausforderungen wie Leistungsprobleme der bestehenden Organisationsstruktur, die Notwendigkeit einer verstärkten hierarchie- und bereichsübergreifenden Kooperation oder zunehmende Innovationserfordernisse tragen dazu bei, dass die Gestaltung des Organisationsdesigns zu einer der zentralen Führungsaufgaben geworden ist.[6]

7.1 Grundgedanken zum Organisationsdesign

Wir verstehen ein Unternehmen als ein soziales System, das sich durch vier Entscheidungsprämissen konstituiert: Programme, Kommunikationswege, Personen und die Organisationskultur (Abb. 8). Solche Entscheidungsprämissen bilden Festlegungen, die den alltäglichen operativen Entscheidungen einer Organisation einen Orientierungsrahmen geben (Luhmann 2000, S. 222 f.). Entscheidungsprämissen legen den Spielraum fest, innerhalb dessen frei entschieden werden kann. Dadurch nehmen sie den beteiligten Akteuren zwar Freiraum – eröffnen ihnen aber gleichzeitig einen neuen Gestaltungsraum, nämlich innerhalb der so gesetzten Grenzen autonom zu handeln (Simon 2011, S. 70).

---

6 Die folgenden Ausführungen basieren auf der kürzlich erschienen Monografie von Nagel (2014) zum Organisationsdesign.

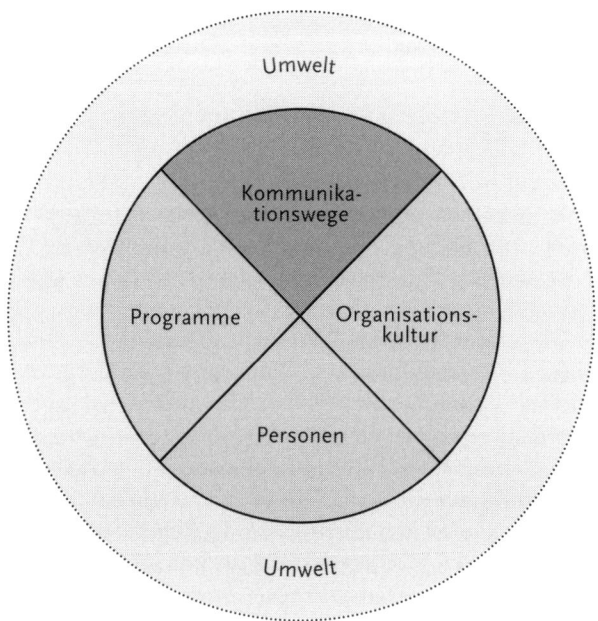

Abb. 8: Entscheidungsprämissen eines sozialen Systems

Mit dieser systemtheoretischen Brille betrachtet, verstehen wir unter Organisationsdesign ein Set an Prämissen, die die alltäglichen Entscheidungen und Kommunikationswege in einem Unternehmen festlegen. Also jene Entscheidungsmaterien, die Luhmann (2000, S. 316) als Kommunikationswege bezeichnete:

> »Organisatorische Entscheidungsprämissen bestehen in der Einrichtung der Kommunikationswege, die Entscheidungen mit Entscheidungen verknüpfen und dadurch die autopoietische Produktion der Entscheidungen überhaupt erst ermöglichen. Dazu sind Stellen erforderlich, die der Kommunikation als Adressen dienen. Über die inhaltliche Beschreibung der Stellen wird außerdem erkennbar gemacht, welche Stellen an welchen Vorgängen zu beteiligen sind.«

Im Kern geht es bei diesen organisatorischen Entscheidungsprämissen um die generellen Festlegungen eines Organisationsdesigns. Diese Prämissen eines Organisationsdesigns sollen folgenden Fragen beantworten:

- Was ist unsere strukturelle Antwort auf die Entwicklungen in unseren relevanten Umwelten – etwa der Markt- und Technologieentwicklungen?
- Welche organisatorischen Konsequenzen ziehen wir in Bezug auf die strategische Positionierung des Unternehmens?
- Nach welchen Kriterien und nach welcher Logik werden die Subsysteme einer Organisation gebildet?
- Wer kann wem bindende Weisungen erteilen?
- Welche Kommunikationswege müssen wie eingehalten werden? Wer hat das Recht, über welche Aktivitäten informiert zu werden?
- Was sind unsere strukturellen Festlegungen in Bezug auf Führung (Führungsstrukturen, Führungskonzept)?
- Welche vertikalen und horizontalen Kommunikationsformen verbinden die Organisationseinheiten und deren Mitglieder?
- Wie werden die Leistungsprozesse zwischen den Stellen und den Organisationseinheiten geregelt?
- Welche Anforderungen ergeben sich an die Skills und die Mindsets der Stelleninhaber?
- Wie werden die informationstechnologischen Lösungen und die Produktionsformen ausgestaltet?
- Welche räumliche Rahmenbedingungen werden gewählt, um die Kommunikation und die Arbeitsprozesse positiv zu beeinflussen?

Die Antworten eines Unternehmens auf diese Fragen legen den Spielraum der Organisation fest, innerhalb dessen die Akteure im Unternehmen entscheiden können.

Diese Entscheidungsprämissen des Organisationsdesigns müssen einerseits so geschlossen sein, um Anschlussentscheidungen in der Organisation zu ermöglichen, und andererseits so offen, um die Organisation für künftige noch unbekannte Möglichkeiten offen zu halten und dadurch die Überlebensfähigkeit des

Systems zu erhöhen. Darin besteht die grundlegende Paradoxie eines Organisationsdesigns:

- Auf der einen Seite ist ein Unternehmen für seine Aufgabenerfüllung auf die Stabilität seiner Prozesse, Routinen und Prämissen angewiesen, damit es sein Alltagsgeschäft erfolgreich bewältigen kann.
- Andererseits ist ein Unternehmen, um zu überleben, immer wieder gefordert, seine Strukturen und Prozesse an den jeweiligen Anforderungen seiner Umwelt zu überprüfen und neu zu erfinden. Wimmer (2012, S. 40) bezeichnet diese organisationale Fähigkeit als *Metakompetenz einer Organisation* – zu sich selbst in Distanz zu gehen, um aus dieser Perspektive neue Impulse zur eigenen Weiterentwicklung zu generieren.

»Der gekonnte Umgang mit dieser systembegründenden Paradoxie ist die Voraussetzung dafür, dass Organisationen so etwas wie eine *dynamische Stabilität* gewinnen.« (Wimmer 2012, S. 41) Daher ist ein Organisationsdesign ganz offensichtlich mehr als ein Organigramm, das die hierarchische Entscheidungsstruktur eines Unternehmens regelt. Im Rahmen eines Organisationsdesigns werden die Kommunikationswege so festgelegt, dass sie die strategische Ausrichtung eines Unternehmens befördern. Das Organisationsdesign bildet – wie schon ausgeführt – einen Satz von organisatorischen Entscheidungsprämissen, die die individuellen Energien von Personen mit dem Zweck eines Unternehmens verbinden.

7.2 Elemente des Organisationsdesigns

Abb. 9 illustriert die Elemente eines Organisationsdesigns. Die Darstellung besteht aus drei Rahmungen:

- Im inneren Kreis stehen die verschiedenen Dimensionen des Organisationsdesigns, über die im Zuge eines Designprozesses bewusst entschieden wird:

- die formale *Organisationsstruktur,*
- die *Führungsstruktur und -systeme* des Unternehmens,
- die verschiedenen *Kommunikationsformate* zur Verknüpfung von Organisationseinheiten und Stellen,
- die *Leistungsprozesse* des Unternehmens,
- die Anforderungen an die verschiedenen *HR-Systeme,*
- die IT-technologische und räumliche *Infrastruktur* und schließlich
- die alltägliche *Führungspraxis* im Unternehmen.

- Der äußere Kreis markiert drei Entscheidungsprämissen, mit denen das Organisationsdesign eng verknüpft ist:
  - Die *Unternehmensstrategie* ist eine organisationale Entscheidung darüber, was vom Unternehmen aus der Umwelt als relevant wahrgenommen wird und wie sich das Unternehmen dazu positionieren möchte. Dies bildet bei der konkreten Ausgestaltung des Organisationsdesigns einen wichtigen Referenzrahmen, um die strukturelle Koppelung von strategischen Festlegungen und Struktur sicherzustellen.
  - In unserem Bild haben wir mit der *Organisationskultur* eine zweite Rahmung des Organisationsdesigns aufgenommen. Organisationskultur lässt sich wie ein mitlaufendes und beeinflussendes Element betrachten, welches das konkrete Handeln in einem Unternehmen erheblich beeinflusst. Diese nicht entscheidbare Entscheidungsprämisse beeinflusst indirekt, welche Chancen und Risiken der Umwelt aufgegriffen werden und welche kulturell ignoriert werden. In diesem Sinne ist die Organisationskultur für die Umsetzung eines Organisationsdesigns mitentscheidend, da sie maßgeblich beeinflusst, was im konkreten Alltagsgeschehen von den Akteuren aufgegriffen oder was von ihnen – oft nicht bewusst – konterkariert wird.
  - Da nicht vorhersehbar ist, mit welchen Herausforderung eine Organisation konfrontiert wird, sind die *Personen* in einem Unternehmen so wichtig (Simon 2011, S. 74): »Die Koppelung der Organisation mit den unverwechselbaren

Personen ermöglicht ihr den Zugang zu der Kompetenz, Intelligenz, Kreativität und Urteilsfähigkeit von Individuen.«

- Schließlich steht das Organisationsdesign mit seiner Umwelt in Beziehung. Die jeweils spezifische Dynamik des Marktes, in dem das Unternehmen agiert, fordert eine entsprechende Ausgestaltung des Organisationsdesigns. Aber auch externe Entwicklungen wie veränderte Kundenerwartungen, technologische oder gesellschaftliche Veränderungen, politische und volkswirtschaftliche Dynamiken bestimmen wesentlich mit, ob ein Design auf die jeweils spezifischen Umweltherausforderungen funktional antwortfähig ist oder nicht.

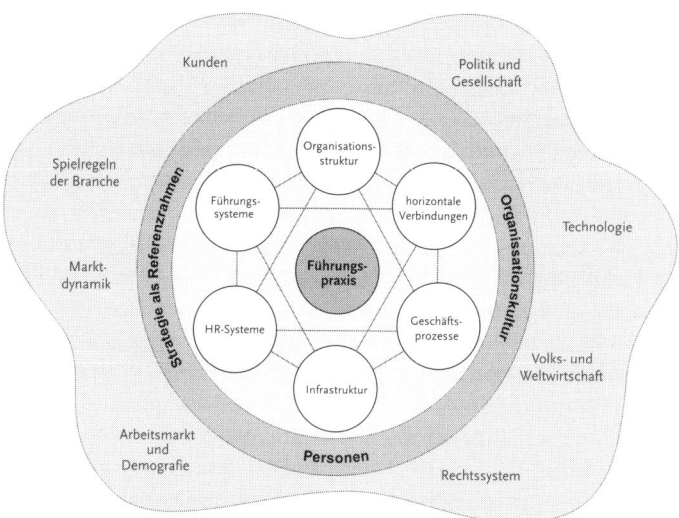

Abb. 9: Elemente eines Organisationsdesigns

Diese Kernelemente eines Organisationsdesigns und deren Verknüpfung werden im Folgenden ausgeführt.

Antwortfähigkeit auf die Umweltentwicklungen

Das Organisationsdesign ist eine Konstruktion eines lebenden Systems, das durch eine Grenzziehung zur Umwelt eine Einheit konstituiert. Daher kommt der System-Umwelt-Differenz beim Verständnis des Organisationsdesigns besondere Bedeutung zu. Denn das Überleben eines Unternehmens hängt von der Beziehung zu und der Kommunikation mit den relevanten Umwelten ab.

Die konzeptionelle Ausgestaltung eines Organisationsdesigns erfordert ein präzises Verständnis der jeweiligen Geschäftslogik der Branche, in dem das Unternehmen agiert – mit anderen Worten, nach welchen *Spielregeln in dieser Branche* gespielt wird. Die organisationale Antwort ist offensichtlich eine andere, wenn sich ein Unternehmen in der Halbleiterindustrie auf globalen Märkten unter enormen Preisdruck bewähren muss oder wenn man als Steuerberatungsunternehmen in einem Markt agiert, der durch berufsständische Regeln und nationale Regularien geprägt ist.

Ob ein Unternehmen langfristig überlebt, hängt daher davon ab, ob diese wechselseitigen Anpassungs- und Aushandlungsprozesse zwischen dem Unternehmen und seinen Umwelten gelingen (vgl. Roberts 2004).

Strategische Ausrichtung als Referenzrahmen des Organisationsdesigns

Im Rahmen eines Strategieentwicklungsprozesses setzt sich das Management mit seinen Märkten, den Kundenanforderungen und den relevanten Umfeldentwicklungen auseinander. Sie werden vom Management analysiert, bewertet und zu einem strategischen Zukunftsbild des Unternehmens transformiert.

Eine solche strategische Festlegung definiert den Unterschied eines Unternehmens in der Welt. Wir verstehen – wie schon ausgeführt – unter *Strategie* ein Set geschäftspolitischer Prämissen, die im operativen Geschehen die alltäglichen Entscheidungsprozesse eines Unternehmens anleiten. Eine so verstandene Strategie definiert die grundlegende Ausrichtung eines Unternehmens. Sie legt im Besonderen das Portfolio an Produkten und Dienstleistungen, die Zielmärkte und Zielkunden sowie die erforderlichen Technologien des betrachteten Unternehmens fest.

Diese strategische Festlegung bildet eine wichtige Rahmensetzung für die konkrete Ausgestaltung der einzelnen Elemente eines Organisationsdesigns. Sie gewährleistet die strukturelle Koppelung der strategischen Festlegungen mit dem Organisationsdesign. Daher haben wir die Unternehmensstrategie in Abb. 9 als Rahmung des Organisationsdesigns dargestellt.

Organisationsstruktur

Die Struktur einer Organisation legt fest, wo die formale Macht und Autorität im Unternehmen angesiedelt ist. Sie definiert die primäre Gliederungslogik, nach der die Subsysteme des Unternehmens ausdifferenziert werden. Sie legt die Anzahl der Hierarchieebenen und die inhaltliche Strukturierung der Subeinheiten fest, beschreibt die Größe der Organisationseinheiten, konkretisiert die Funktionen, Stellen und Rollen. Diese Ausbildung organisatorischer Strukturen und Teilsysteme dient dazu, das Organisationsgeschehen transparent und durch Standardisierung berechenbar zu machen. Paradoxerweise wird gerade dadurch das Gesamtsystem komplexer. Die Spezialisierung und Differenzierung macht den Überblick schwieriger und die Integration der Teile wird so zu einer Schlüsselherausforderung eines Organisationsdesigns (vgl. Schreyögg 2008, S. 90).

Die Organisationsstruktur wird typischerweise in einem Organigramm abgebildet. Dieses setzt einen Rahmen für die Beziehungen, die Verteilung des Einflusses und die offiziellen Kommunikationskanäle. Sie bestimmt, wer mit wem in Beziehung steht und formal in Kontakt kommen soll. Für den interessierten Beobachter ist das Organigramm häufig auch ein Indiz dafür, welche innere Logik einem Unternehmen besonders wichtig ist.

Führungssystem

Die Diskussion um die Organisationsarchitektur hat eine zweite Seite, die häufig unterbelichtet bzw. der individuellen Rollenbewältigung einzelner Führungskräfte überlassen wird. Die unterschiedlichen Führungsvoraussetzungen jeder Organisationslogik werden sowohl in der betriebswirtschaftlichen Organisationstheorie als auch in der Unternehmenspraxis – wenn es um die Überprüfung einer Organisation geht – wenig beachtet. Fast könnte man von einem *blinden Fleck* sprechen.

Denn jede gewählte Designlogik hat ganz bestimmte Implikationen für das Führungssystem eines Unternehmens. Insbesondere bei mehrdeutigen Organisationslogiken (Stichwort *hybride Organisation*) ist Führung gefordert, die damit verbundenen Zielkonflikte zu lösen bzw. zu bearbeiten. Nur wenn die Führung des Unternehmens die unvermeidbaren dysfunktionalen Folgen eines Organisationsumbaus bewusst ausbalanciert, können die erwarteten Wettbewerbsvorteile des jeweiligen Organisationsdesigns auch tatsächlich realisiert werden (vgl. Nagel u. Wimmer 2009, S. 285).

Horizontale und vertikale Verknüpfungen

Während die formale Organisationsstruktur eine Organisation durch die Ausdifferenzierung von Subsystemen *trennt*, muss das Organisationsdesign in seiner Gesamtarchitektur dafür Sorge tragen, dass die einzelnen Teile für die Gesamtleistungsfähigkeit des Unternehmens verbunden werden. Zu einem Organisationsdesign gehört daher als zentrales Element deren *Regelkommunikation*. Formate, die sicherstellen, dass die vertikale und horizontale Abstimmung im Unternehmen stattfindet. In welchen Kommunikationsgefäßen und unter Nutzung welcher Medien soll die Verbindung geleistet werden? In welcher zeitlichen Intensität, als Regelkommunikation oder anlassbezogen? Liegt die Betonung auf formellen Kommunikationsstrukturen oder vertraut man auf informelle Abstimmungsprozesse?

Gestaltung der Geschäftsprozesse im Rahmen der Ablauforganisation

Zielorientierung und effizientes Arbeiten erfordern neben dem formalen Organisationsgefüge auch Regelungen zum Ablauf von Arbeitsprozessen. Denn während die formale Aufbauorganisation primär ein Unternehmen in einzelne Organisationseinheiten gliedert sowie deren Aufgaben und Befugnisse zuordnet, regelt die Ablauforganisation den Verlauf der Arbeitsvorgänge. In der Praxis ist eine isolierte Betrachtung der Aufbau- und Ablauforganisation wenig sinnvoll, da diese Fragen in der Regel eng miteinander verbunden sind.

Da der Erfolg eines Unternehmens weniger von Prozessen innerhalb einer Organisationseinheit als vielmehr von der schnellen und kostengünstigen Bewältigung bereichsübergreifender Prozesse bestimmt wird, ist die simultane Gestaltung formaler Strukturen und Prozesse für ein Organisationsdesign erfolgskritisch.

Anforderungen an HR-Systeme

Die Unternehmensstrategie schafft auch einen Orientierungsrahmen dafür, welche Fähigkeiten und Kompetenzen der Mitarbeiter und Führungskräfte in einem Unternehmen notwendig sind. Denn unterschiedliche Strategietypen erfordern unterschiedliche Ausprägungen von Talenten: Flexible Organisationen benötigen anpassungsfähige Mitarbeiter, crossfunktionale Teams brauchen Mitarbeiter mit generalistischen Fähigkeiten, die gut kooperieren können. Matrixorganisationen sind auf Mitarbeiter angewiesen, die die unvermeidlichen systembedingten Konflikte managen können und sich ohne Rückgriff auf Autoritätsressourcen gut zurechtfinden.

Unter diesem Designelement werden die personenbezogenen Aspekte der Organisation betrachtet: Welche *Skills* und *Mindsets* benötigen die Mitarbeiter, damit das Unternehmen erfolgreich sein kann. Dieses Element stellt die Anschlussstelle zur dritten Luhmann'schen Entscheidungsprämisse – den *Personenentscheidungen* – her.

Infrastruktur
»*IT drives Business*«: Die Entwicklungen der Informations-
und Kommunikationstechnologien der letzten Jahre und Jahrzehnte haben viele Geschäfte massiv verändert. Viele Geschäfte sind heute ohne die Informationstechnologie nicht mehr zu
denken. IT ist daher zum Treiber für viele Geschäfte geworden.
Mit ihr lassen sich Waren schnell über den Globus bewegen, on-
line kaufen und verkaufen, Prozesse automatisieren und verbil-
ligen, Lieferketten virtualisieren oder neue Geschäfte schneller
erschließen.

Welche Folgen hat die IT für die Gestaltung der Organisation? Ihre herausragende Bedeutung ist für die meisten Organisationen noch neu. Mit Ausnahme internetbasierter Unternehmen
wie Amazon, eBay, Google etc. müssen innerhalb gewachsener
Strukturen in vielen Unternehmen die der IT innewohnenden
Gestaltungsprinzipien (»*Erst die Technik, dann die Organisation*«) erst mühsam erlernt werden. In vielen Organisationen
reibt sich die Logik der IT mit der gewachsenen Organisationsstruktur wie zwei tektonische Platten aneinander und produziert
Erschütterungen im Unternehmen, die mit Erdbeben verglichen
werden können. In Ermangelung eines Verständnisses für die
jeweils andere Welt fällt eine konstruktive Lösung zwischen den
Anforderungen der IT und der Sichtweise der Führungskräfte
aus dem »normalen« Geschäft oft schwer.

Raum und Kommunikation: Die räumliche Gestaltung hat
enorme Auswirkung auf die Kommunikationsprozesse und
-praxis eines Unternehmens. Denn architektonische Rahmenbedingungen legen fest, wie Kommunikation im Unternehmen
erfolgen kann. Die Überprüfung des Organisationsdesigns kann
ein Anlass sein, über neue räumliche Rahmenbedingungen nach-
zudenken, die Kommunikationsprozesse stimulieren bzw. verändern.

Führungspraxis als Kernelement des Organisationsdesigns
Schließlich ist eine Organisationsarchitektur ohne das konkrete *Führungshandeln von Führungskräften* nicht zu denken

(Kap. 1.2). Führung steuert das Zusammenspiel der einzelnen Gestaltungselemente des Designs. Denn wenn ein Organisationsdesign seitens der Führung nicht beobachtet, unterstützt und korrigiert wird, bleibt es ein formales und weitgehend wirkungsloses Konstrukt.

In Bezug auf das Organisationsdesign kommt Führung eine besondere Metainstanz zu: Einerseits steht sie im Dienste des Organisationsdesigns, da sie durch ihre Art, die Führungsrolle wahrzunehmen, ein gewähltes Design maßgeblich *zum Fliegen oder zum Absturz* bringen kann. Andererseits ist Führung gefordert, zu sich selbst in gewissen Abständen in eine Metaposition zu begeben und die Leistungsfähigkeit der Organisation immer wieder kritisch zu reflektieren und kraft ihrer Entscheidungsmacht – wenn notwendig – zu verändern (Wimmer 2012).

Daher stehen die Führungsprozesse nicht zufällig im Mittelpunkt unserer Darstellung des Organisationsdesigns. Die zentrale Rolle in Abb. 9 symbolisiert ihre erfolgskritische Funktion für die Wirksamkeit eines Organisationsdesigns.

8 Konsequenzen für eine Strategieberatung im dritten Modus

Die Beratungsprofession hat sich in den letzten Jahrzehnten in zwei klar voneinander abgegrenzte Segmente ausdifferenziert, in die Expertenberatung und die Prozessberatung.

8.1 Vergleich Expertenberatung versus Prozessberatung

Im Paradigma der *expertenorientierte Beratung* versuchen die meist großen, weltweit operierenden Beratungsfirmen ihre Kunden mit dem jeweils fachbezogenen Know-how zu versorgen. Die Expertenberatung fokussiert auf die zu lösenden inhaltlichen Fragestellungen und klammert andere Dimensionen – insbesondere des sozialen Miteinanders in einem Managementteam bzw. Unternehmen – aus. Ein in der Vergangenheit erfolgreiches Beratungssegment, das derzeit vermutlich 90% des derzeitigen Strategieberatungsmarktes abdeckt. Die folgenden Grundannahmen einer Expertenberatung sollen dieses Beratungsparadigma illustrieren (vgl. Nagel 2001, S. 14 f.):

- **Delegation der Problemlösung an Experten:**
  Die Strategiearbeit wird großteils an Experten, meist externe Berater, delegiert. Die Beziehung zwischen dem Unternehmen (Klienten) und dem Berater ist also durch eine besondere Asymmetrie gekennzeichnet: auf der einen Seite das Klientensystem, das Defizite aufweist, und auf der anderen Seite das Beratersystem, das aufgrund seines ausgewiesenen Lösungswissens diese Probleme beheben kann. Dieses traditionelle Arzt-Patienten-Verständnis beeinträchtigt gleichzeitig die Umsetzung vieler guter Expertenideen. Viele Ergebnisse großer expertenorientierter Beratungsfirmen bleiben nicht deswegen wirkungslos »in den Schubladen«, weil sie inhalt-

lich schlecht oder unbrauchbar wären, sondern weil die Organisationen diese nicht integrieren und verarbeiten können oder wollen.

- **Sicherheit durch rationale Analyse:**
  Die expertenorientierte Strategieentwicklung geht davon aus, dass es im Kern möglich sei, zukünftige Entwicklungen rational einzuschätzen. Dem Experten wird die Fähigkeit zugeschrieben, dadurch die Entscheidungsunsicherheiten des Managements zu entlasten. Wenn nur die Marktdaten und Fakten möglichst umfassend erhoben und objektiv abgewogen sind, glaubt sich das Management auf einem sicheren rationalen Fundament zu bewegen. Die Unsicherheit wird auf diese Weise berechenbar.

- **Das Unternehmen als Mittel zum Zweck:**
  Das implizite mentale Modell der expertenorientierten Strategieberatung betrachtet ein Unternehmen als rationalitätsgesteuertes, zielgerichtetes System, das als Instrument für einen extern vorgegebenen Zweck des Shareholders oder anderer Anspruchsgruppen eingesetzt wird. Im Sinne eines trivialen Organisationsverständnisses müssen Strategien dann »lediglich noch umgesetzt oder runtergebrochen werden«. Allfällige Umsetzungsprobleme werden als Versagen einzelner Führungskräfte oder als Widerstand von Einzelpersonen identifiziert und nicht als Folge dieses trivialisierenden Organisationsverständnisses.

- **Standardisierung der Problemlösung:**
  Klientenprobleme werden in der Tendenz so lange uminterpretiert, bis die gefundene Realitätskonstruktion zu den Standardproblemlösungen des jeweiligen Beraters passt. Das Ergebnis solcher Beratungsprozesse sind in vielen Unternehmen ähnliche und nicht grundsätzlich unterscheidbare Lösungen.

Auf der anderen Seite steht die vergleichsweise kleine Nische der *Prozessberatung*. Diese Nische hat sich auf die Unterstützung von Kommunikationsprozessen spezialisiert. Die Konzeption und Inszenierung außerordentlicher Kommunikationsformen, der Aufbau und die Betreuung von Teams, die Konfliktbearbeitung und das Coaching von Einzelpersonen sind Kernleistungen der von Gruppendynamik und Familientherapie beeinflussten Prozessberatung. Die Interventionen fokussieren hier auf die zwischenmenschlichen und organisationsinternen Folgekosten der Hierarchie einer Organisation.

Beide Beratungsformen sind Antwortversuche auf Organisationsverhältnisse, wie sie Ende des 20. Jahrhunderts in Unternehmen vorherrschten. Die Beratung konnte sich auf ihren jeweiligen Fokus konzentrieren und andere Dimensionen ungestraft ausklammern.

In den vergangenen zwei Jahrzehnten hat sich sowohl die Binnenstruktur als auch das Umfeld der Unternehmen grundlegend weiterentwickelt. Der fortschreitende Prozess der Internationalisierung, die Innovationen aufseiten der Informations- und Kommunikationstechnologien, aber auch verstärkt netzwerkförmige Kooperationsformen zwischen Unternehmen haben die externe und interne Komplexität moderner Unternehmen weiter erhöht. Diese veränderten Rahmenbedingungen beeinflussen auch den Beratungsbedarf. Ein professionelles Ausklammern relevanter Dimensionen einer Organisation ist inhaltlich nicht angemessen und wird von den Kunden auch immer weniger akzeptiert.

8.2 Konzeptionelles Grundverständnis einer Organisationsberatung im dritten Modus

Daraus erklärt sich die Suche nach einer Beratung, die ein komplexitätsadäquates Gegenüber für solche Unternehmen bildet und die unterschiedlichen Problemdimensionen des Kundensystems in einem integrierten Bearbeitungsprozess wirksam bearbeiten kann. Für uns ist dies die Integration der systemischen Organisationsberatung mit Elementen der Expertenberatung, die wir den »dritten Modus der Beratung« nennen. »Dritter Modus« deswegen, weil hier die tradierten Denkweisen und Lösungsmuster der Fach- und Prozessberatung verlassen und in einer neuen Form der Beratung quasi neu erfunden werden (Wimmer 2010).

Der »Berater des dritten Modus« versteht ein Unternehmen als selbst organisiertes System, das nach seiner eigenen Melodie agiert. Beratung konstruiert daher eine Kommunikationsarchitektur, wo Beratungsinterventionen das System beeinflusst und inspiriert – aber nicht direkt verändern kann. Die Interventionen unterscheiden genau zwischen der Person und der Organisation. Sie zielen auf das soziale Miteinander und nicht auf die Einsicht einer einzelnen Person. Wir versuchen diese Form der systemischen Organisationsberatung am Anwendungsfeld der Strategieberatung zu verdeutlichen.[7]

8.3 Drei Sinndimensionen in der Strategieberatung

Für Michael Porter (1996) besteht die Essenz der Strategieentwicklung in der Unterscheidung gegenüber den Wettbewerbern. Mit Blick auf die Zukunft soll eine wettbewerbsdifferenzierende Strategie herausgearbeitet werden. Um diesen unterscheidenden Zukunftsentwurf wirksam zu entwickeln, muss auch der Strategieprozess selbst einen deutlich wahrnehmbaren Unterschied machen. In einem integrierten Prozess der Strategieentwicklung werden drei Dimensionen synchron prozessiert, die weiter unten näher erläutert werden:

- die Logik der Zeitlichkeit der einzelnen Schritte zur Bearbeitung der Strategiefragen (Zeitdimension),
- die Arbeitsfähigkeit des jeweiligen Führungssystems (Sozialdimension) sowie
- die Bearbeitung der zentralen inhaltlichen Fragestellungen des Unternehmens (Sachdimension).

Wimmer (2010) konzeptualisiert diese drei Dimensionen mit einem Rekurs auf den Begriff des Sinns, wie ihn Luhmann (1984) zum Verständnis aller sinnverarbeitenden Systeme verwendet.

---

7 Die folgenden Ausführungen beziehen sich auf das in Kapitel 3 und 4 skizzierte Theorieverständnis und auf einen Beitrag von Dietl u. Nagel (2014) zum »Dritten Modus der Strategieberatung«.

Dieser unterscheidet die drei Sinndimensionen Sach-, Zeit- und Sozialdimension. Eine Unterscheidung, die im Umgang mit hoher Komplexität gerade für das Verständnis von Organisationen nützlich und orientierend ist:

- Im Kontext sozialer Systeme umfasst die *Sachdimension* alle Themen sinnhafter Kommunikation, also das »Was« als inhaltlicher Gegenstand des kommunikativen Geschehens.
- Die *Zeitdimension* strukturiert das »Wann« des Erlebens und Handelns entlang der Differenz von Vergangenheit und Zukunft. In der Zeitdimension des Sinns geht es darum, bei allen Organisationsentscheidungen sowohl kürzere als auch längere Zeithorizonte mitzudenken. Angesichts der Beschleunigungstendenz in Wirtschaft und Gesellschaft kommt der Zeitdimension gegenüber den anderen Sinndimensionen ein eigenständiges und wichtiger werdendes Gewicht zu.
- Schließlich beleuchtet die *Sozialdimension* (»wer mit wem?«) die Beziehungsebene und damit die Art und Weise des Miteinanders in einem Strategieprozess.

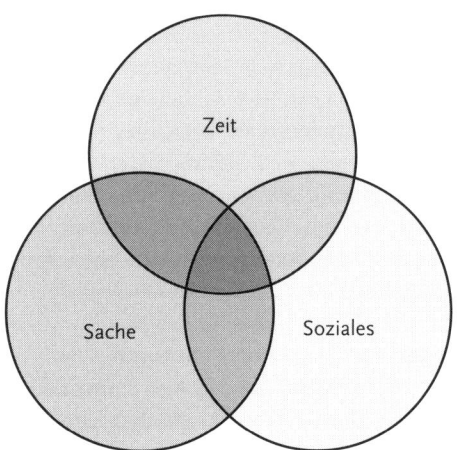

Abb. 10: Strategieberatung im dritten Modus
als Synchronisierung der drei Sinndimensionen

»Sach-, Zeit- und Sozialdimension können nicht isoliert auftreten. Sie stehen unter Kombinationszwang.« (ebd., S. 127) Je nach Beobachtungsperspektive der Beteiligten treten daher unterschiedliche Kombinationen und Gewichtungen dieser Sinndimensionen auf. Sie prägen, befruchten oder blockieren das Kommunikationsgeschehen. Daher ist eine Aufspaltung dieser Dimensionen im Beratungsgeschehen (wie etwa im Konzept der »Komplementärberatung«) dysfunktional. Die synchrone Prozessierung der drei Luhmann'schen Sinndimensionen ist daher ein zentrales Prinzip einer Strategieberatung im Sinne des »dritter Modus« (Abb. 10).

8.3.1 Zeitdimension in der Strategieberatung

Die neuere Systemtheorie gibt uns Hinweise zum besonderen Verhältnis eines Unternehmens im Umgang mit ihrer Zeitlichkeit. Im Umgang mit unterschiedlichen Zeithorizonten kann man leicht feststellen, dass wir ganz selbstverständlich davon ausgehen, dass die Vergangenheit feststeht und die Zukunft offen ist. Zurückliegende Ereignisse lassen sich nicht mehr beeinflussen, sie sind unrevidierbar. Zukünftiges ist dagegen gestaltbar.

Mit diesem Verhältnis von Vergangenheit, Gegenwart und Zukunft können Organisationen im Allgemeinen und Unternehmen im Besonderen nicht arbeiten. Es widerspricht der Funktionsbestimmung von Organisation in modernen, hoch entwickelten Gesellschaften. Die Organisation dreht daher das Zeitverhältnis um, behandelt die Vergangenheit als Reservoir alternativer Möglichkeiten von Entscheidungen und legt die Zukunft fest, indem sie sich Ziele setzt und ihre eigenen Zwecke definiert, die sie bei Bedarf auch wieder ändert (Baecker 2000). Wie schon ausgeführt sind Organisationen ein Typus sozialer Systeme, dem die Möglichkeit zur Verfügung steht, sich durch den Entscheidungsmechanismus aus den Festlegungen durch die eigene Vergangenheit ein Stück weit zu befreien und sich in seinem gegenwärtigen Handlungen an einer selbst geschaffenen künftigen Identität auszurichten.

Strategieentwicklung als Führungsdimension nimmt in der Umkehr dieses Zeitverhältnisses einen ganz prominenten Platz ein. Sie schafft durch die sorgfältige Analyse der eigenen strategischen Ausgangsposition genügend Distanz zu den bisher gepflegten Erfolgsmustern und macht dadurch entscheidbar, was sie davon als zukunftsfähig betrachtet und was nicht. Angesichts unterschiedlicher Zukunftsszenarien schafft sie die Möglichkeit, sich mittels eines ganz bestimmten Identitätsentwurfs in der Zukunft festzulegen.

Dieser Schritt der wiederholten Selbsterschaffung mit Blick auf eine erstrebenswerte gemeinsame Zukunft ist in seiner gesellschaftlichen Bedeutung gar nicht hoch genug einzuschätzen. Denn mit dieser Fixierung eines künftig anzustrebenden Zukunftsbildes von sich selbst als Unternehmen wird der Weg dorthin überhaupt erst beobachtbar. Der Prozess der Strategieentwicklung erzeugt jene Kriterien und Messlatten, mit deren Hilfe festzustellen ist, wie man in Richtung Zukunft unterwegs ist (Baecker 2000).

Je mehr man heute davon ausgehen muss, dass die unreflektierte Fortsetzung vergangener Erfolgsmuster ein Unternehmen in den eigenen Untergang führt, umso mehr kommt es darauf an, die prinzipielle Fähigkeit von Organisationen, die übliche Asymmetrie in den Zeitverhältnissen umzukehren, gezielt zu stärken. Strategieentwicklung ist jene Funktion, mit deren Hilfe diese Umkehr systematisch vorgenommen werden kann (Kap. 4.7). In diesem Sinne wird ein Unternehmen aus seiner selbsterzeugten Zukunft heraus führbar, wenn es ihm glaubwürdig gelungen ist, einen großen Teil seiner Belegschaft auch emotional an dieses Zukunftsbild zu binden und die mit diesem Bild verbundene Sinnstiftung auf einer breiten Basis zu verankern (Nagel u. Wimmer 2009, S. 72 f.).

Der Strategieprozess schafft also einen Rahmen, wichtige Unternehmensthemen auch in deren Zeitlichkeit zu bearbeiten:

• Auf welchen Zeithorizont sollen die strategischen Festlegungen ausgerichtet sein?

- Wie viel Zeit benötigt der Strategieprozess, um eine qualitative Auseinandersetzung im Managementteam zu ermöglichen?
- Wann dauert ein Prozess zu lange, sodass der Strategieprozess seine Kraft der Aufmerksamkeitsfokussierung verlieren würde?
- Wie kann die Unternehmensstrategie mit den kurzfristigeren Management- und Planungsprozessen (z. B. Budgetplanung, Controllingsystem) verzahnt werden?
- Welchen realistischen Zeithorizont benötigen die Umsetzungspakete, um zueinander in einer produktiven Wechselwirkung zu stehen?

Das sind Fragen, die manche Führungskräfte und Berater nicht bzw. zu wenig im Blick haben.

8.3.2 Sozialdimension: Gestaltung eines sozialen Raums für die Auseinandersetzungen im Strategieteam

Eine Strategieberatung mit einem Managementteam bzw. unter Einbeziehung mehrerer Einheiten eines Unternehmens ist immer auch eine soziale Intervention. Obwohl diese Dimension nicht immer expliziter Gegenstand eines Beratungsauftrags ist, trägt sie dennoch entscheidend zum Ergebnis der Strategieberatung bei.

In jedem ernsthaften Strategieprozess müssen tradierte Abläufe, Kooperationsstrukturen und Beziehungsmuster infrage gestellt werden. Dies löst unweigerlich Einfluss- und Machtverschiebungen aus und provoziert eine entsprechende Konfliktdynamik. Denn mit jedem eingespielten Organisationszustand sind – wie schon in Kapitel 4.4 ausgeführt – unweigerlich handfeste Interessen von Personen und Personengruppen verbunden. Strategische Neuorientierungen lösen daher Befürchtungen und Hoffnungen auf eine Verschlechterung oder Verbesserung aus, weil mit jeder ernst zu nehmenden Veränderung auch eine Neuverteilung des persönlichen Chancenpotenzials einhergeht (Nagel u. Wimmer 2009).

So schafft jeder Strategieprozess einen kommunikativen Raum, in dem die ungelösten Konflikte einer Organisation mitbearbeitet werden. Die Vielfalt und Gegensätzlichkeit der Einschätzungen in einer Organisation treffen aufeinander und können von den Akteuren ausgetragen werden. Auf diese Weise werden Unterschiede, die das verteilte Wissen der Organisation sichtbar werden lassen, als Quelle für Kreativität genutzt.

Nimmt der Berater die Herausforderung der gezielten Steuerung des Prozesses auch in seiner sozialen Dimension an, ist deren Wirkung auf das Zusammenspiel in einem Managementteam oder zwischen Organisationseinheiten eines Unternehmens fast immer positiv. Vom Berater im Sinne des »dritten Modus« erfordert dies, in ungewohnten konflikthaften und manchmal angstbesetzten Kommunikationssituationen Sicherheit zu vermitteln und dadurch auf der Ebene des sozialen Miteinanders wirksam zu sein. Es ist offensichtlich, dass die Anforderungen hinsichtlich der sozialen Prozesssteuerung über das normale Mitschwingen, Moderieren und Unterstützen des Kommunikationsgeschehens deutlich hinausgehen.

In dem durch einen Strategieprozess geschaffenen geschützten Rahmen werden nicht nur aktuelle Entscheidungslasten bearbeitet, sondern es wird auch die Problemlösungsfähigkeit des Systems insgesamt gesteigert, sodass das Unternehmen auch künftig mit neuen Herausforderungen angemessen umgehen kann.

8.3.3 Sachdimension: Inhaltlicher Sparringspartner für das Management

Die Sachdimension der Strategiearbeit rückt die eigentliche inhaltliche Arbeit an den zentralen Fragestellungen des Unternehmens in den Vordergrund. Es geht nun darum, im Rahmen einer robusten Prozessarchitektur mit einem arbeitsfähigen Strategieteam adäquate inhaltliche Lösungen für die wichtigen Businessfragestellungen des Unternehmens zu entwickeln.

Im Modell der expertenorientierten Expertenberatung übernimmt die Strategieberatung für die Kundenprobleme meist auch eine inhaltliche Verantwortung. Das Management eines Unternehmens delegiert die strategische Auseinandersetzung weitgehend an interne oder externe Experten. Der Experte denkt für seinen Klienten, das Topmanagement trifft letztlich eine Auswahl zwischen wohldurchdachten Überlegungen der Experten.

Die Rolle des Beraters als *inhaltlicher Sparringspartner* unterscheidet sich von diesem mentalen Modell deutlich. Als Sparringspartner achtet der »Strategieberater des dritten Modus« auf die blinden Flecken des Klientensystems. Der Sparringspartner hilft seinem Kunden in einem gemeinsamen Arbeitsprozess aus einer externen Perspektive heraus adäquate Lösungen zu erarbeiten. Er hat natürlich auch eine eigenständige Position zu den anstehenden Businessfragen, wird dem Kunden jedoch weder die Erarbeitung noch die Entscheidung abnehmen. Der Strategieberater bringt seine Erfahrungen als *Second Opinion* in die Strategiediskussionen ein. Er greift hierbei auf Erkenntnisse zurück, die aus der Arbeit mit anderen Unternehmen und einer Feldkompetenz gespeist sind.

Dies ist nicht zwangsläufig ein Plädoyer für eine branchenorientierte Aufstellung des Strategieberaters. Denn gerade ohne die Scheuklappen der jeweiligen Branchenlogik kann der Berater aus einem übergreifenden Blickwinkel heraus verallgemeinerbare Tendenzen oder ungewöhnliche neue Perspektiven einbringen. Andererseits kann er die Rolle als inhaltlicher Sparringspartner nur dann glaubwürdig wahrnehmen, wenn er die Logik der jeweiligen Branche verstanden hat bzw. sie sich schnell anzueignen weiß.

Um als inhaltlicher Sparringspartner wirksam zu werden, sind eine profunde Kenntnis der traditionellen Denkansätze des strategischen Managements und eine differenzierte Metaperspektive auf die gerade aktuellen »Managementmoden« hilfreich. Dabei geht es – wie schon ausgeführt – nicht um eine undifferenzierte Imitation solcher Modelle, sondern vielmehr um ein intelligentes *Reframing* der Strategietools. Denn Konzepte der »Strategieindustrie« (Nicolai 2000) haben oft den Charakter von normativen Sollkonzepten, deren lineare Befolgung unternehmerische Erfolge versprechen.

Der »Berater des dritten Modus« verwendet solche Konzepte vielmehr als Quellen, um die Vorstellungskraft für neue ungewohnte Optionen zu stimulieren – aber nicht als trivialisierende »Erfolgsrezepte«. Werden sie reflektiert angewandt, helfen solche Modelle die Kontingenzfähigkeit des jeweiligen Managementsystems zu fördern und weiterzuentwickeln.

Dieses Beratungsparadigma eines integrierten »dritten Modus der Strategieberatung« macht deutlich, dass es sich bei diesem Ansatz um eine hoch anspruchs- und voraussetzungsvolle Beratungsleistung handelt.

Literatur

Al-Laham, A. (2007): Der Beitrag des Organization Ecology Ansatzes zu einer Theorie des strategischen Managements. Working Paper Nr. 4–2007. Kaiserslautern (Lehrstuhl für Internationales Management, TU Kaiserslautern).

Ansoff, H. I. (1991): Critique of Henry Mintzberg's The Design School: Reconsidering the basic premises of strategic management. *Strategic Management Journal* 12: 449–461.

Baecker, D. (1993): Die Form des Unternehmens. Frankfurt/Main (Suhrkamp).

Baecker, D. (1994): Postheroisches Management. Ein Vademekum. Berlin (Merve).

Baecker, D. (1999): Organisation als System. Frankfurt/Main (Suhrkamp).

Baecker, D. (2003): Organisation und Management. Frankfurt/Main (Suhrkamp).

Baecker, D. (2007): Studien zur nächsten Gesellschaft. Frankfurt/Main (Suhrkamp).

Barney, J. (1991): Firm resources and sustained competitive advantage. *Journal of Management* 17: 99–120.

Bartlett, C. A. a. S. Ghoshal (2002): Managing across borders – the transnational solution. Cambridge, MA (Harvard School Press).

Beer, S. (1959): Cybernetics and management. London (Wiley).

Beer, S. (1972): Brain of the firm. London (Wiley).

Bennett, M. (2007): Dealing with cultural diversity (unveröffentl. Manuskript).

Bertalanffy, L. v. (1955): Schöpfungsglaube und Evolutionstheorie. Stuttgart (Alfred Körner).

Bettis, R. A. a. C. K. Prahalad (1995): The dominant logic: retrospective and extension. *Strategic Management Journal* 16: 3–14.

Brüderl, J. a. P. Preisendörfer (1998): Network support and the success of newly founded businesses. *Small Business Economics* 10 (3): 213–225.

Clausewitz, C. von (1994): Vom Kriege. Frankfurt/Main (Propyläen).

Coase, R. (1937): The nature of the firm. *Economica* 4: 386–405.

Christensen, C. (2013): Disruptive Innovation. Verfügbar unter: http://www.claytonchristensen.com/key-concepts/ [22.07.2014].

Cohen, M. D., J. G. March a. J. P. Olsen (1972): A garbage can model of organizational choice. *Administrative Science Quarterly* 17: 1–26.

Collingwood, H. (2001): Vom Widersinn der Quartalsberichte. *Harvard Business Manager* 6: 77–86.

Cooper, B. a. P. Vlaskovits (2010): The entrepreneur's guide to customer development: A cheat sheet to the four steps to the epiphany. San Francisco.

Crozier, M. u. E. Friedberg (1979): Macht und Organisation. Königstein (Athenäum).

D'Aveni, R. A. (1994): Hypercompetition. Managing the dynamics of strategic manoeuvering. New York (Free Press).

D'Aveni, R. A. (1995): Hyperwettbewerb. Strategien für die neue Dynamik der Märkte. Frankfurt/Main (Gabler).

Dietl, W. u. R. Nagel (2014): Zukunft erfinden – Strategieentwicklung im Dritten Modus. In: R. Wimmer, K. Glatzel u. T. Lieckweg (2014): Beratung im Dritten Modus. Die Kunst, Komplexität zu nutzen. Heidelberg (Carl-Auer).

Doppler, K. u. C. Lauterburg (2008): Change Management. Den Unternehmenswandel gestalten. Frankfurt/New York (Gabler), 12. Aufl.

Drucker, P. (1986): Innovation and entrepreneurship. New York (Harper Business).

Drucker, P. (2002): Managing the next society. New York (Truman Talley Books).

Fama, E. F. (1980): Agency problems and the theory of the firm. *Journal of Political Economics* 88: 288–307.

Foerster, H. v. (1981): Das Konstruieren einer Wirklichkeit. In: P. Watzlawick (Hrsg.): Die erfundene Wirklichkeit. München (Piper), S. 39–60.

Gälweiler, A. (1986): Unternehmensplanung – Grundlagen und Praxis. Frankfurt/Main (Campus).

Glasersfeld, E. von (1996): Radikaler Konstruktivismus. Frankfurt (Suhrkamp).

Glatzel, K. (2012): Weder Organisation noch Netzwerk. Struktur, Strategie und Führung in Verbundnetzwerken. Heidelberg (Carl-Auer).

Glatzel, K. u. T. Lieckweg (2013): Strategy for disruptive change: Agile strategy. Internes Arbeitspapier. Berlin (osb International Consulting).

Glatzel, K. u. R. Wimmer (2009): Strategieentwicklung in Theorie und Praxis. In: R. Wimmer, J. O. Meissner u. P. Wolf (Hrsg.): Praktische Organisationswissenschaft. Heidelberg (Carl-Auer), S. 194–218.

Hamel, G. a. C. K. Prahalad (1994): Competing for the future. Boston (Harvard School Press).

Hamel, G. u. C. K. Prahalad (1997): Wettlauf um die Zukunft. Wien (Ueberreuter).

Handy, C. (1998): Die Fortschrittsfalle. München (Goldmann).

Hannan, M. T. a. J. Freeman (1989): Organizational ecology. Cambridge, MA (Harvard University Press).

Hannan, M. T. a. G. R. Carroll (2002): The demography of corporations and industries. Princeton, NJ (Princeton University Press).

Haspeslagh, R., T. Noda u. F. Boulos (2002): Wertmanagement über die Zahlen hinaus. *Harvard Business Manager* 1: 46–59.

Heinecke, H. J. u. R. Wimmer (1995): Über die Chancen von morgen wird heute entschieden. Strategieentwicklung – eine Organisation lernt für ihre Zukunft. *Organisationsentwicklung* 4: 4–18.

Hernes, T. (2008): Understanding organization as process. Theory of a tangled world. London (Routledge).

Jarzabkowski, P., J. Balogun a. D. Seidl (2007): Strategizing: The challenges of a practice perspective. *Human Relations* 60: 5–27.

Jensen, M. C. (1983): Organizational theory and methodology. *The Accounting Review* 58: 319–339.

Jensen, M. C. (2001): Foundations of organizational strategy. Cambridge, MA (Harvard University Press).

Johnson, G. a. K. Scholes (2002): Exploring corporate strategy. Text and cases. London (Financial Times Prentice Hall), 67th ed.

Johnson, G., A. Langley, L. Melin a. R. Whittington (2007): Strategy as practice. Research directions and resources. Cambridge (Cambridge University Press).

Jullien, F. (1999): Über die Wirksamkeit. Berlin (Merve).

Kieser, A. (1996): Moden und Mythen des Organisierens. *Die Betriebswirtschaft* 56 (1): 21–39.

Kim, J. a. J. T. Mahoney (2005): Resource-based and property rights perspectives on value creation. *Managerial and Decision Economics* 26: 223–242.

Klimmer, M. (2011): Unternehmensorganisation: Eine kompakte und praxisnahe Einführung. Herne (Neue Wirtschaftsbriefe), 2. Aufl.

Königswieser, R. u. A. Exner (1998): Systemische Intervention. Architekturen und Designs für Berater und Veränderungsmanager. Stuttgart (Klett-Cotta).

Kreikebaum, H. et al. (1998): Organisationsmanagement internationaler Unternehmen. Wiesbaden (Gabler), 2. Aufl. 2002.

Krieg, W. (1985): Management- und Unternehmensentwicklung – Bausteine eines integrierten Ansatzes. In: G. J. B. Probst (Hrsg.): Integriertes Management. Bern (Haupt), S. 261–277.

Malik, F. (2000): Führen Leisten Leben. Wirksames Management für eine neue Zeit. Stuttgart/München (Campus).

Lobnig, H., J. Schwendenwein u. L. Zvacek (2003): Beratung in der Veränderung. Wiesbaden (Gabler).

Luhmann, N. (1984): Soziale Systeme. Frankfurt/Main (Suhrkamp).

Luhmann, N. (2000): Organisation und Entscheidung. Opladen (Westdeutscher Verlag).

Luhmann, N. (2002): Einführung in die Systemtheorie. Heidelberg (Carl-Auer), 6. Aufl. 2011.

Maturana, H. R. u. F. Varela (1987): Der Baum der Erkenntnis – Die biologischen Wurzeln des menschlichen Erkennens. Bern (Haupt).

McGrath, R. G. (2013): Transient advantage. *Harvard Business Review* 91 (6): 62–70.

Mintzberg, H. (1990): The Design School: Reconsidering the basic premises of strategic management. *Strategic Management Journal* 11: 171–195.

Mintzberg, H. (1994): The rise and fall of strategic planning. London (Prentice Hall).

Mintzberg, H. (1999): Strategy safari. Eine Reise durch die Wildnis des strategischen Managements. Wien (Ueberreuter).

Müller-Stewens, G. u. C. Lechner (2001): Strategisches Management – Wie strategische Initiativen zum Wandel führen. Stuttgart (Schäffer-Poeschel).

Nagel, R. (2001): Strategieberatung – Expertenorientiert oder systemisch? *Hernsteiner* 4: 14–21.

Nagel, R. (2009): Lust auf Strategie. Stuttgart (Schäffer-Poeschel), 2. Aufl.

Nagel, R. (2014): Organisationsdesign. Modelle und Methoden für Berater und Entscheider. Stuttgart (Schäffer-Poeschel).

Nagel, R., T. Groth, B. Krusche u. T. Schumacher (2006): Führungsherausforderungen in unterschiedlichen Organisationsarchitekturen. *OrganisationsEntwicklung* 4: 58–67.

Nagel, R., M. Oswald u. R. Engel (2011): Go international. *OrganisationsEntwicklung* 3: 46–53.

Nagel, R. u. R. Wimmer (2003): Muster der strategischen Entscheidungsfindung. In: H. Lobnig, J. Schwendenwein u. L. Zvacek (Hrsg.): Beratung in der Veränderung. Wiesbaden (Gabler), S. 141–152.

Nagel, R. u. R. Wimmer (2009): Systemische Strategieentwicklung, 5. Aufl. Stuttgart (Schäffer-Pöschel).

Neumann, J. von a. O. Morgenstern (1944): The theory of economic games in economic behavior. Princeton (Princeton Classic Editions).

Nicolai, A. T. (2000): Die Strategie-Industrie: Systemtheoretische Analyse des Zusammenspiels von Wissenschaft, Praxis und Unternehmensberatung. Wiesbaden (Gabler).

O'Loughlin, E. (2012): Decades of influence. *Harvard Business Review* 90 (11): 1–6.

Osterwalder, A. u. Y. Pigneur (2011): Business Model Generation. Ein Handbuch für Visionäre, Spielveränderer und Herausforderer. Frankfurt (Campus).

Oswald, M. u. T. Lieckweg (2014): Leadership und Leadership Development. Entwicklung von Führung für die Organisationen der nächsten Gesellschaft. In: Wimmer, R., K. Glatzel u. T. Lieckweg (Hrsg.): Beratung im Dritten Modus. Die Kunst, Komplexität zu nutzen. Heidelberg (Carl-Auer).

Porter, M. E. (1981): The contributions of industrial organization to strategic management. *Academy of Management Review* 6 (4): 609–620.

Porter, M. E. (1990): Changing patterns of international competiton. *California Management Review* 2: 9–40.

Porter, M. E. (1996): What is strategy? *Harvard Business Review* 5: 916.

Porter, M. E. (1999): Wettbewerbsvorteile – Spitzenleistungen erreichen und behaupten. Frankfurt/Main (Campus).

Porter, M. E. (2010): Creating and sustaining strategic competitive advantage. Konferenzunterlage des Zentrums für Unternehmungsführung (ZfU). Zürich (International Business School).

Porter, M. E. et al. (2012): Measuring shared value. How to unlock value by linking social and business results. Verfügbar unter: http://www.fsg.org/tabid/191/ArticleId/740/Default.aspx?srpush=true [22.07.2014].

Porter, M. E. a. M. Kramer (2011): How to fix capitalism and unleash a new wave of growth. *Harvard Business Review* 89 (1/2).

Probst, G. J. B. (1985): Integriertes Management. Bern (Haupt).

Probst, G. J. B. u. P. Gomez (1987): Systemdenken im Management. Bern (Schweizerischen Volksbank).

Pümpin, C. (1986): Management strategischer Erfolgspositionen. Das SEP-Konzept als Grundlage wirkungsvoller Unternehmungsführung, 3. Aufl. Bern/Stuttgart (Haupt).

Rappaport, A. (1999): Shareholder Value. Stuttgart (Schäffer-Poeschl).

Richter, R. u. E. G. Furubotn (2010): Neue Institutionenökonomik – Eine Einführung und kritische Würdigung. Tübingen (Mohr Siebeck).

Ries, E. (2010): The startup's rules of speed. HBR Blog Network. Verfügbar unter: http://blogs.hbr.org/2010/03/the-startups-rules-of-speed/ [4.8.2014].

Roberts, J. (2004): The modern firm. Organizational design for performance and growth. Oxford (Oxford University Press).

Ross, S. A. (1973): The economic theory of agency: The principal's problem. *American Economic Association* 63 (2): 134–139.

Rüegg-Stürm, J. (2005): Das neue St. Galler Management-Modell. Bern (Haupt), 2. Aufl.

Schein, E. (1969): Process consulting. Its role in organization development, Reading, MA (Addison-Wesley).

Schreyögg, G. (1999): Strategisches Management – Entwicklungstendenzen und Zukunftsperspektiven. *Die Unternehmung* 53 (6): 387–407.

Schreyögg, G. u. M. Kliesch-Eberl (2008): Das Kompetenzparadoxon: Wie dynamisch können organisationale Kompetenzen sein? *Revue für postheroisches Management* 3: 6–19.

Schumpeter, J. (1912): Theorie der wirtschaftlichen Entwicklung. Berlin (Duncker & Humblot).

Selvini Palazzoli, M., L. Anolli u. P. DiBlasio (1977): Hinter den Kulissen der Organisation. Stuttgart (Klett-Cotta).

Senge, P. (1996): Die fünfte Disziplin. Stuttgart (Klett-Cotta).

Simon, F. B. (1997): Die Kunst nicht zu lernen. Und andere Paradoxien in Psychotherapie, Management, Politik … Heidelberg (Carl-Auer), 6. Aufl. 2014.

Simon, F. B. (2004): Gemeinsam sind wir blöd?! Die Intelligenz von Unternehmen, Managern und Märkten. Heidelberg (Carl-Auer), 4. Aufl. 2013.

Simon, F. B. (2011): Einführung in die systemische Organisationstheorie. Heidelberg (Carl-Auer), 3. Aufl.

Sun, W. (2011): Die Kunst des Krieges. Berlin (Insel).

Ulrich, H. (1970): Das Unternehmen als produktives soziales System. Bern (Haupt), 2. Aufl.

Weick, K. E. (1995): Sensemaking in organizations. San Francisco (Thousand Oaks).

Weick, K. E. u. K. M. Sutcliffe (2003): Das Unerwartete managen. Wie Unternehmen aus Extremsituationen lernen. Stuttgart (Klett-Cotta).

Welge M. K., H. H. Hüttemann u. A. Al-Laham (1996): Strategieimplementierung, Anreizsystemgestaltung und Erfolg. *Zeitschrift für Organisation* 65 (2): 80–86.

Welge, M. K. u. A. Al-Laham (2012): Strategisches Management. Grundlagen – Prozess – Implementierung. Heidelberg (Springer Gabler), 6. Aufl.

Williamson, O. E. (1991): Comparative economic organization: The analysis of discrete structural alternatives. *Administrative Science Quarterly* 36: 269–296.

Wimmer, R. (1992a): Die Steuerung komplexer Organisationen. Ein Reformulierungsversuch der Führungsproblematik aus systemischer Sicht; In: Sandner, K. (Hrsg.): Politische Prozesse in Unternehmen. Berlin/Heidelberg (Springer), S. 131–156.

Wimmer, R. (1992b): Der systemische Ansatz – Mehr als eine Modeerscheinung? In: B. Heitger, C. Schmitz u. P. Gester (Hrsg.): Managerie 1 – Systemisches Denken und Handeln im Management. Heidelberg (Carl-Auer).

Wimmer, R. (1994): General Management. *Hernsteiner* 3.

Wimmer, R. (1995): Die permanente Revolution. Aktuelle Trends in der Gestaltung von Organisationen. In: R. Grossmann, E. Krainz u. M. Oswald (Hrsg.): Veränderung in Organisationen. Wiesbaden (Gabler), S. 21–41.

Wimmer, R. (1998): Das Team als besonderer Leistungsträger in komplexen Organisationen. In: H. W. Ahlemeyer u. R. Königswieser (Hrsg.): Komplexität managen. Wiesbaden (Gabler).

Wimmer, R. (1999a): Wider den Veränderungsoptimismus – Zu den Möglichkeiten und Grenzen einer radikalen Transformation von Organisationen. *Soziale Systeme* 1: 5–31.

Wimmer, R. (1999b): Die Zukunft von Organisation und Beschäftigung. Einige Thesen zum aktuellen Strukturwandel von Wirtschaft und Gesellschaft. *OrganisationsEntwicklung* 3: 26–41.

Wimmer, R. (2000): Wie lernfähig sind Organisationen? Zur Problematik einer vorausschauenden Selbsterneuerung sozialer Systeme. In: H. K. Stahl u. P. M. Hejl (Hrsg.): Management und Wirklichkeit. Heidelberg (Carl-Auer), S. 256–298.

Wimmer, R. (2002): Aufstieg und Fall des Shareholder Value-Konzeptes. *OrganisationsEntwicklung* 4: 70–83.

Wimmer, R. (2004): Organisation und Beratung. Systemtheoretische Perspektiven für die Praxis. Heidelberg (Carl-Auer).

Wimmer, R. (2009): Organisationsberatung als Intervention. Verfügbar unter: http://www.osb-i.com/sites/default/files/user_upload/News/RWi_Organisationsberatung_als_Intervention_Oktober_2008.pdf [15.8.2014].

Wimmer, R. (2010): Konstruktivismus in der Organisationsberatung und im Management (unveröffentl. Manuskript).

Wimmer, R. (2012): Die neuere Systemtheorie und ihre Implikationen für das Verständnis von Organisation, Führung und Management.

In: J. Ruegg-Stürm u. T. Bieger (Hrsg.): Unternehmerisches Management – Herausforderungen und Perspektiven. Bern (Haupt), S. 7–65.

Wimmer, R., E. Domayer, M. Oswald u. G. Vater (2005): Familienunternehmen – Auslaufmodell oder Erfolgstyp? Wiesbaden (Gabler), 2. Aufl.

Wimmer, R., K. Glatzel u. T. Lieckweg (2014): Beratung im Dritten Modus. Die Kunst, Komplexität zu nutzen. Heidelberg (Carl-Auer).

Wimmer, R., J. O. Meissner u. P. Wolf (2009): Praktische Organisationswissenschaft. Heidelberg (Carl-Auer).

Wimmer, R. u. R. Nagel (2000): Der strategische Managementprozess. *OrganisationsEntwicklung* 1: 4–19.

Witt, P.-J. (2001): Corporate Governance. In: P. J. Jost (Hrsg.): Die Prinzipal-Agenten-Theorie in der Betriebswirtschaftslehre. Stuttgart (Schäffer-Poeschel), S. 85–115.

Zenger, T. (2013): What is the theory of your firm? *Harvard Business Review* 91 (6): 72–78.

Zollo, M. a. S. Winter (2002): Deliberate learning and the evolution of dynamic capabilities. *Organization Science* 13 (6): 701–714.

Über die Autoren

Reinhart Nagel, Dr., ist Partner der osb International Consulting AG. Seine Beratungsschwerpunkte sind die Begleitung von Strategieentwicklungsprozessen und deren Verankerung im Unternehmen sowie die Gestaltung und Implementierung des Organisationsdesigns. Lehrtätigkeit an verschiedenen Hochschulen. Als Autor veröffentlichte er verschiedene Bücher zur systemischen Strategieentwicklung und zum Organisationsdesign.

Rudolf Wimmer, Prof. Dr., ist Vizepräsident und apl. Professor für Führung und Organisation am Institut für Familienunternehmen der Universität Witten/Herdecke und Partner der osb International Consulting AG sowie Mitglied diverser Aufsichtsräte. Seine Arbeitsschwerpunkte sind Fragen der Strategieentwicklung und der Gestaltung geeigneter Organisations- und Führungsstrukturen vor allem in familiengeführten Unternehmen.

Kontakt: osb International Consulting AG
Volksgartenstraße 3/1. Dachgeschoss
A-1010 Wien
Tel. +43-1-5260813-0
www.osb-i.com

Doris Wilhelmer | Reinhart Nagel

Foresight-Managementhandbuch

Das Gestalten von Open Innovation

202 Seiten, 33 Abb., Gb, 2013
ISBN 978-3-8497-0011-9

Die vielfältigen Herausforderungen, vor denen Gesellschaften heute stehen, können in den wenigsten Fällen noch von einzelnen Organisationen, Regionen oder Nationen alleine bewältigt werden. Nicht vorhersehbare Auswirkungen globaler Änderungsprozesse und neuer Technologien erfordern neue Lösungswege.

„Foresight" heißt ein Verfahren, in dem Experten, Entscheidungsträger und Betroffene in den unterschiedlichsten gesellschaftlichen Bereichen – Wirtschaft, Forschung, Politik, Zivilgesellschaft – gemeinsam Zukunftsszenarien erarbeiten und konkret umsetzbare Aktionspläne entwickeln. Im Gegensatz zu herkömmlichen Strategie-Tools hat Foresight das Potenzial, künftige Entwicklungen über eine deutlich längere Zeitperspektive zu denken. Das Geheimnis liegt in den systemisch-konstruktivistischen Interventionsmethoden, die für anstehende gesellschaftliche Prozesse nutzbar gemacht werden.

Carl-Auer Verlag • www.carl-auer.de

Rudolf Wimmer | Katrin Glatzel | Tania Lieckweg (Hrsg.)

Beratung im Dritten Modus

Die Kunst, Komplexität zu nutzen

436 Seiten, 59 Abb., Gb, 2014
ISBN 978-3-8497-0035-5

Viele Unternehmen und Organisationen bewegen sich heute in einem Umfeld, das zu komplex ist, um ihm vollständig gerecht werden zu können. „Beratung im Dritten Modus" ist eine Beschreibungshilfe, eine Hintergrundlandkarte, die es der Organisation selbst wie auch Beratern ermöglicht, ihre aktuellen Fragestellungen auf eine handhabbare Art und Weise zu erfassen, zu adressieren und letztlich zu beantworten.

Die Autoren dieses Bandes verstehen Organisationen und Unternehmen als „Sinn verarbeitende" Systeme. Um erfolgreich sein zu können, müssen sie drei Sinndimensionen zusammenführen: Aufgaben, Zeithorizonte und soziale Beziehungen. Wie das im konkreten Fall gehen kann, zeigen die 33 Beiträge – davon 16 Fallbeschreibungen realer Beratungsaufträge – für die Themenfelder Strategie, Change, Internationalisierung, Leadership und Leadership Development, HR und Familienunternehmen.

Hier werden die Stärken der „Beratung im Dritten Modus" deutlich: eine kognitive Landkarte, die sich mit einer systemischen Haltung und einem breiten, über die Jahre erprobten Interventionsrepertoire verbindet.

Carl-Auer Verlag • www.carl-auer.de